DIANLI DIANLAN JIXIEHUA SHIGONG JISHU

# 电力电缆机械化施工技术

国网北京市电力公司
北京电力工程有限公司 组编

## 内 容 提 要

为进一步提升智能电网工程建设能力，提升施工技术水平，实现由劳动密集型向装备密集型、技术密集型转变，国网北京市电力公司根据电力电缆线路工程施工技术特点，按照机械化施工理念，编写了《电力电缆机械化施工技术》。

本书共七章，分别为概述、电力电缆运输、电力电缆敷设、电力电缆蛇形布置、电力电缆接头安装、电力电缆试验、电力电缆辅助施工，从功能及原理、技术参数、选用原则、注意事项和技术经济分析方面进行阐述。

本书可供从事电力电缆线路工程建设的设计、施工和管理及装备操作人员使用，也可供从事电力电缆施工装备设计、制造的工程技术人员使用。

**图书在版编目（CIP）数据**

电力电缆机械化施工技术 / 国网北京市电力公司，北京电力工程有限公司组编. —北京：中国电力出版社，2019.6

ISBN 978-7-5198-2835-6

Ⅰ. ①电… Ⅱ. ①国… ②北… Ⅲ. ①电力电缆－电缆敷设 Ⅳ. ①TM757

中国版本图书馆 CIP 数据核字（2019）第 000510 号

---

出版发行：中国电力出版社
地　　址：北京市东城区北京站西街 19 号（邮政编码 100005）
网　　址：http://www.cepp.sgcc.com.cn
责任编辑：罗　艳（yan-luo@sgcc.com.cn，010-63412315）
责任校对：黄　蓓　常燕昆
装帧设计：张俊霞
责任印制：石　雷

---

印　　刷：三河市万龙印装有限公司
版　　次：2019 年 6 月第一版
印　　次：2019 年 6 月北京第一次印刷
开　　本：710 毫米×1000 毫米　16 开本
印　　张：5.25
字　　数：82 千字
定　　价：58.00 元

---

# 编 制 人 员

**编制单位** 国网北京市电力公司

北京电力工程有限公司

**编写人员** 陈守军 蔡红军 邓佳翔 张 磊

韩国鑫 刘 磊 李 炎 赵全来

边 洋 肖群安 朱 勇 王海超

张 波 朱占巍 张 啸 李学文

张 华 黄 澎 贾士安 李 鹏

朱 缨 宋书辉 安建超 许鹏飞

柳 旭 聂江华 杜铁君 熊 俊

贺晓晨 刘立垚 张冠军 李海生

王 唯 陈金爱 王浩冲 汪 奇

# 前　言

目前，城市内的电网建设主要以电缆线路为主，电缆线路能够减少对城市的占用及对居民生活的影响，同时实现能源的有效传输。随着城市化进程的加速，电缆线路建设也暴露出机械化程度不高、劳动力密集等亟待解决的问题。

为进一步提升智能电网工程建设能力，提升施工技术水平，实现由劳动密集型向装备密集型、技术密集型转变，国网北京市电力公司根据电力电缆线路工程施工技术特点，按照机械化施工理念，编制了《电力电缆机械化施工技术》，以期进一步巩固和提升电缆工程施工技术水平，通过机械化作业使工程安全质量得到可靠保障。

本书以电缆施工工序为主线，主要面向电缆线路工程建设施工、管理人员，详细介绍了电力电缆施工技术及装备应用，包括平板运输车、电缆输送机、打磨机等39项常用施工装备以及弯曲半径检查尺、液压顶伸器、电缆托举装置、内窥镜、便携式电源5项自主研发的创新成果。

由于编者水平有限，难免有遗漏和不足之处，敬请各位读者批评指正。

编　者

2019年3月

# 目　录

# 第一章

# 概　述

1. 电力电缆机械化施工的发展现状及意义

电力电缆施工技术的发展历程，是一个机械化程度不断加强的过程。

电缆敷设施工，早期全部依靠人工牵引及敷设，随着电缆截面积增大，重量也随之增加，敷设时需要更大的牵引力，因此，能够提供很大牵引力的电动卷扬机得到了广泛的应用。而高压或者更大截面电缆的敷设，就需要采取更为先进的电缆输送机敷设方式，满足牵引力的同时，可将集中于一点的牵引力分散到多个点上，避免电缆机械损伤。

电缆接头施工，从最初只能依靠简单的手持工具，逐步发展形成满足不同施工工序工艺要求的专用机械工具，比如电缆护层剥切工具、绝缘及绝缘屏蔽层剥除工具、绝缘打磨工具、压接工具等。这一系列专用工器具的出现，减轻了施工人员的劳动强度，提高了接头的工艺质量水平。

电力电缆机械化施工可以实现电力电缆线路施工由施工劳动密集型向装备密集型转变，从而提高施工效率，满足电网大规模建设需求；提高电力电缆施工的工艺质量水平；推动建设“施工管理型、专业技术型”施工企业；有效解决施工人力紧缺、人工成本上涨问题，同时减轻施工人员劳动强度；符合国际化发展趋势，促进施工企业核心竞争力的提升。

2. 电力电缆机械化施工步骤

工程实施前期阶段，根据“现代性、专业化、标准化、系列化”的总体要求开展施工专项策划与评审，加强施工与设计的有机衔接，保证方案的合理性和可操作性。充分调研，制订详细施工技术方案，根据工程特点和实际需求，合理选配施工装备。

工程实施阶段，按照机械化施工技术方案，有计划、有步骤地投入机械化施工设备，特别关注工序衔接，提高大型机械的使用效率。规范施工组织措施和工艺方法，提升机械化施工的综合效益。

工程竣工投产后，组织编制机械化施工技术应用效果分析报告，对加强施工组织管理和提升工艺水平提出合理化建议，并对施工过程中所用机械设备提出改进和优化建议。

3. 电力电缆施工工序

电力电缆施工工序主要由电力电缆运输、电力电缆敷设、电力电缆蛇形布置、电力电缆接头、电力电缆试验组成。电力电缆机械化施工装备应用示意见图 1－1。

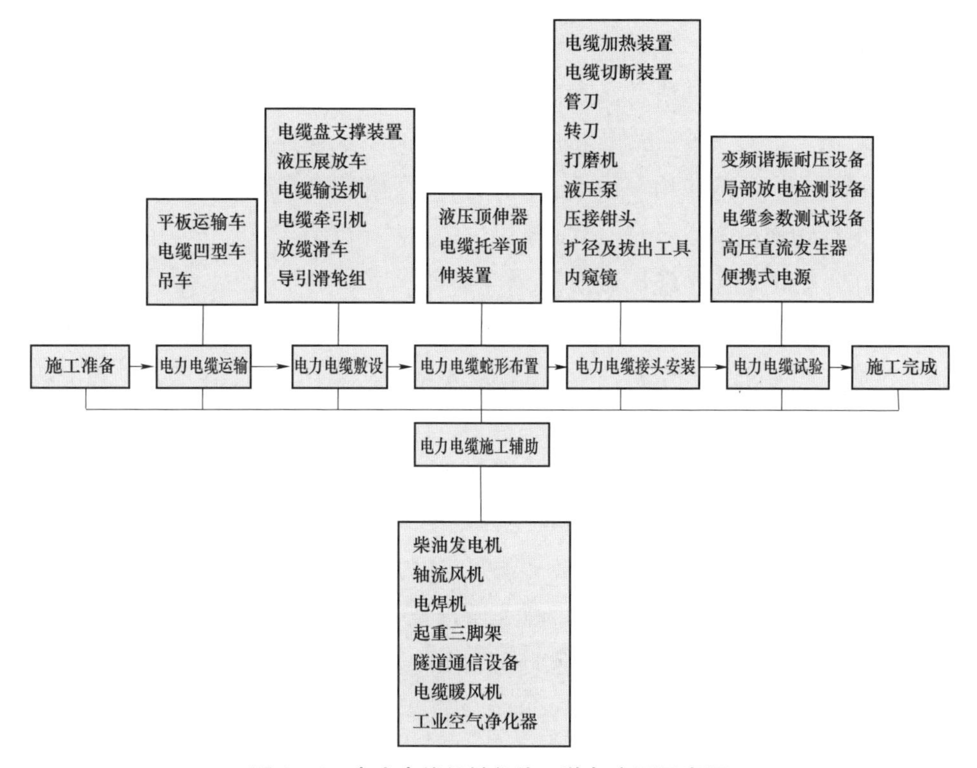


图 1－1　电力电缆机械化施工装备应用示意图

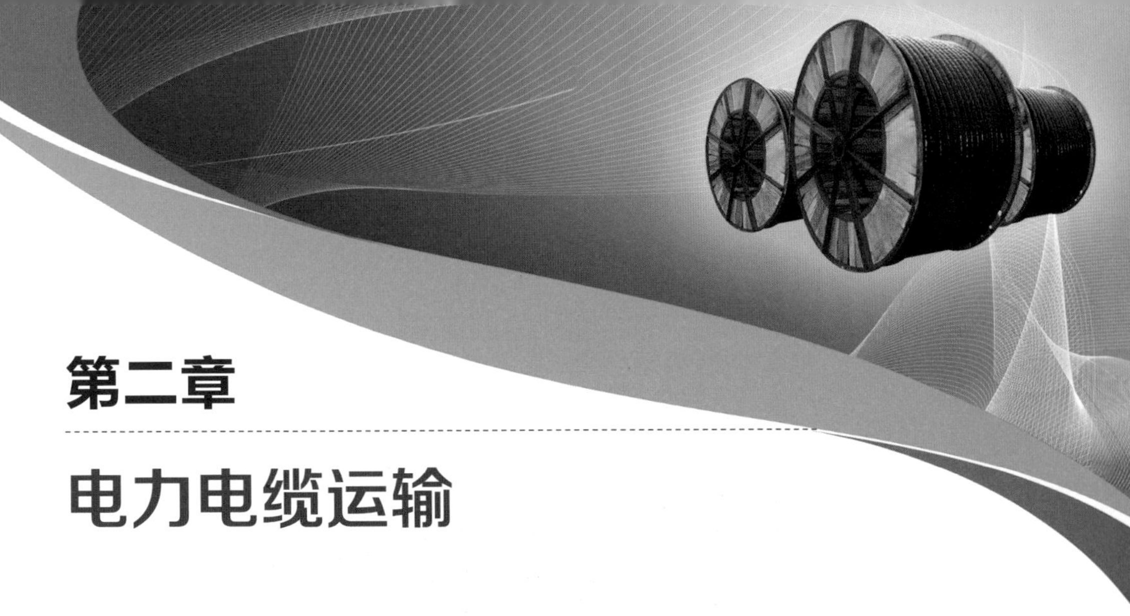

# 第二章

# 电力电缆运输

## 工艺过程描述

电缆运输是将电力电缆从厂家运送到施工现场的过程，分为电力电缆一次运输和二次运输。电力电缆一次运输是指电力电缆生产完成后由厂家送至仓库或临时性周转场地的过程；电力电缆二次运输是指将电缆由仓库或临时性周转场地运送至电力电缆敷设地点的过程。电力电缆运输流程如图 2－1 所示。

图 2－1　电力电缆运输流程图

## 主要施工装备应用

本工序主要采用平板运输车、电缆凹型车和吊车。

### 一、平板运输车

#### （一）功能及原理

电缆在长距离运输过程中，为保证运输的安全可靠和运输道路的限定要求，常采用平板运输车。在运输车启动后。发动机会产生动力，并将动力传给变速箱，动力经变速箱里的齿轮将高转速小力矩动力转化为低转速大力矩动力，再通过传动轴传到驱动后桥，由驱动后桥带动驱动后轮转动。其外形见图 2－2。

### （二）技术参数

平板运输车技术参数见表 2－1。

图 2－2　平板运输车

表 2－1　平板运输车技术参数

| 参数＼型号 | LA91363798WBWG064 | LA91363728WBWG133 | LA91242726WBWG008 |
| --- | --- | --- | --- |
| 总质量（kg） | 39 950 | 39 950 | 27 400 |
| 外形尺寸（mm×mm×mm，长×宽×高） | 12 450×3000×1750 | 12 450×3000×1750 | 11 182×3000×1618 |
| 额定荷载（kg） | 29 500 | 29 500 | 21 000 |

### （三）选用原则

（1）通常尺寸为长 17.5m、宽 3m，能同时装载多盘电缆。

（2）载重量为 30～40t。

（3）适用于 35～500kV 电力电缆的长距离运输。

### （四）注意事项

（1）电力电缆在运输过程中禁止水平放置，电缆盘应牢固固定在平板拖车上，保证电缆运输安全。

（2）平板运输车车后试镜有死角，转弯时应多观察周围环境。

（3）出发前检查车辆有无漏油漏水情况并测量胎压。

（4）定期全面检查车辆并做维护保养。

## 二、电缆凹型车

### （一）功能及原理

电力电缆工程位于市区，运输路段立交桥及其他限高较多地点时，常使用电缆凹型车进行电缆运输。电缆凹型车将拖车平板放置电缆盘的位置改装，使电缆盘可凹下拖车平板，降低整体高度，某些凹型车装有液压顶升装置，经过限高路段时，可将电缆盘下降至最低高度以通过限高区域。其外形见图 2－3。

图 2－3　电缆凹型车

### （二）技术参数

电缆凹型车技术参数见表 2－2。

表 2－2　　电缆凹型车技术参数

| 参数 ╲ 型号 | LA91242726WBWG218<br>BWG9271 |
|---|---|
| 总质量（kg） | 27 400 |
| 额定荷载（kg） | 20 000 |
| 外形尺寸（mm×mm×mm，长×宽×高） | 9100×3100×2610 |

### （三）选用原则

（1）适合 35～500kV 电缆的长距离运输。

（2）电力电缆和电缆盘的总重量小于电缆凹型运输车的载重量。

（3）在运输电缆时确保电缆盘直径满足道路限高要求。

### （四）注意事项

（1）电缆凹型车运输电缆时，应保证盘底距地面高度不小于 150mm。

（2）电缆凹型车为特种车辆，运输电力电缆时应注意对行驶道路上其他车辆的影响。

（3）当电缆凹型车运输电缆盘时，应有固定措施，防止电缆盘滑落。

（4）出发前检查车辆有无漏油漏水情况并测量胎压。

（5）定期全面检查车辆并做维护保养。

### （五）技术经济分析

（1）使用电缆凹型车可以解决无法通过城市道路因桥梁引起的限高问题。

（2）使用电缆凹型车减少了电缆运输过程中因绕路而产生的运输成本和时间。

## 三、吊车

### （一）功能及原理

吊车用于电缆盘的吊装作业。通过液压缸调整主臂仰角，通过液压马达驱动卷筒收放钢绳、伸缩起重臂、升降吊钩来提升重物。其外形见图 2–4。

图 2–4　吊车

## （二）技术参数

吊车技术参数见表2－3。

表2－3　　吊车技术参数

| 参数＼型号 | FQY－25－E | FQY－50 | FQY－100 |
|---|---|---|---|
| 最高行驶速度（km/h） | 63 | 66 | 75 |
| 总质量（kg） | 6530 | 38 580 | 7000 |
| 外形尺寸（mm×mm×mm，长×宽×高） | 12 380×2500×3500 | 13 100×2750×3350 | 15 230×3000×3860 |

## （三）选用原则

（1）满足材料装卸的最大重量要求。

（2）满足相应装卸的半径要求。

（3）如遇特殊施工现场应满足施工场地要求。

## （四）注意事项

（1）吊车重物不明或超负荷不吊。

（2）光线暗淡，看不清不吊。

（3）安全装置、机械设备有异常不吊。

（4）歪拉斜挂不吊。

（5）五级及以上大风不吊。

# 第三章

# 电力电缆敷设

## 工艺过程描述

电力电缆敷设是通过人工、机械组合的方法将电力电缆展放到预定位置的施工过程。

电力电缆运输至敷设位置后，将电缆盘设置于支撑装置或液压展放车上，通过竖井上下位置导引滑轮组将电缆牵引至电力隧道内，并通过在隧道内布置好的电缆输送机系统将电缆敷设至指定位置。电力电缆敷设过程示意见图 3-1。

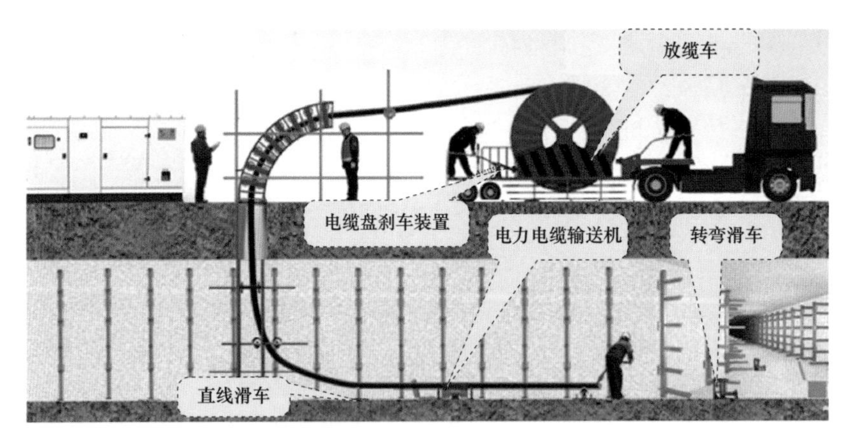


图 3-1　电力电缆敷设过程示意图

## 主要施工装备应用

本工序主要采用电缆盘支撑装置、液压展放车、电缆输送机、电缆牵引机、放缆滑车、导引滑轮组和弯曲半径测量尺。

## 一、电缆盘支撑装置

### （一）功能及原理

电缆盘支撑装置是一种用于支撑起电缆盘从而进行电缆展放的机械设备。电缆盘支撑装置采用组合式结构，底座带有可调节装置，两侧采用三角形固定支撑方法，能够在复杂的地形对电缆盘稳固支撑。电缆盘支撑装置配备有制动装置，利用收紧履带摩擦制动电缆盘的方式使电缆盘停止转动。其示意及外形见图 3－2。

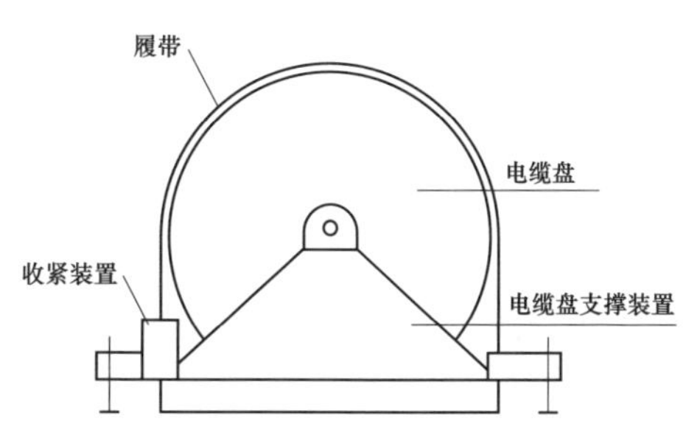

图 3－2　电缆盘支撑装置

### （二）技术参数

电缆盘支撑装置技术参数见表 3－1。

表 3－1　　电缆盘支撑装置技术参数

| 项　目 | 参　数 | | |
|---|---|---|---|
| 电压等级（kV） | 10 | 110 | 220 及以上 |
| 额定索引力（kN） | 3 | 7 | 10 |
| 净重（kg） | 1000 | 2000 | 3400 |
| 外形尺寸（mm × mm × mm，长 × 宽 × 高） | 1350 × 1000 × 2000 | 2500 × 3200 × 2200 | 4500 × 4600 × 2400 |
| 额定载重（t） | 10 | 25 | 50 |
| 适应的电缆盘 | $R=2000$ | $R=3100$ | $R=3600$ |

### （三）选用原则

（1）当电力电缆展放位置为固定地点时，选用电缆盘支撑装置。

（2）当敷设场地狭小不具备使用液压展放车的条件时，选用电缆盘支撑装置。

（3）根据不同的电压等级、电缆型号、电缆盘外径，选择相应的电缆盘支撑装置。

### （四）注意事项

（1）在施工现场布置电缆盘支撑装置时，应调节支撑装置使其四脚处于同一水平面，确保支撑稳固，保障电缆盘转动时的倾斜角度。

（2）电缆支撑装置布置完成后，应先进行刹车装置试运行，保证刹车装置正常运转，然后进行电缆展放作业。

（3）电缆盘钢轴的材料应选用厚壁无缝钢管或圆钢制作，钢轴应有足够的强度和刚度，以避免产生过大的挠度。轴径不宜过小，应与电缆盘孔有效配合。

（4）为了减小钢轴与支架之间的摩擦力，两侧支架上的轴座内的润滑油要经常检查，避免摩擦力较大对钢轴及支架轴座造成损害。

### （五）优化方向

电缆盘支撑装置可承重 50t（最大），满足 500kV 及以下电压等级电力电缆敷设支撑需求，可通过增加载重量以适应更高电压等级电力电缆的支撑。电缆盘支撑装置可通过模块化处理使该装置便于运输以适应多个敷设地点施工。

### （六）技术经济分析

（1）运输便捷：电缆盘支撑装置由底座、支撑臂、钢轴组成，可拆解运输并在现场组装。

（2）操作方便：电缆盘制动装置，使用电动绞磨解决电力电缆敷设时电缆盘转动力较大不易制动的问题，操作方便。

## 二、液压展放车

### （一）功能及原理

液压展放车是一种集电缆盘支撑与电缆展放的多功能机械设备。拖车车体没有底板，电缆盘可嵌入其中，大大降低了电缆运输的高度；此外，该拖车还有液压的升降系统，当电力电缆运至施工现场后，可在拖车上直接施放电力电缆。考虑到运输时因道路原因拖车会发生颠簸，故电缆盘的下缘离地面至少应有 0.25m。

展放车尾部 U 形结构可以打开，电缆盘可直接进入装卸位置，无需吊车协助。关闭后门，U 形结构即成为方形刚性结构，保证车身强度。电缆升降液压装载挂钩两侧单独控制，方便安全。电缆装载、升降、驱动可 1 人操作完成。线盘驱动速度可调，刹车及时。其外形见图 3－3。

图 3－3　液压展放车

## （二）技术参数

液压展放车技术参数见表 3－2。

表 3－2　　液压展放车技术参数

| 项　目 | 参　数 |
| --- | --- |
| 最大功率（kW） | 6.6 |
| 净重（kg） | 4000 |
| 净载宽度（mm） | 2560 |
| 有效荷载（kg） | 20 000 |
| 最大线盘直径（mm） | 4000 |
| 外形尺寸（mm×mm×mm，长×宽×高） | 6525×3420×2680 |

## （三）选用原则

（1）当电力电缆的展放位置不固定及频繁移动时，选用液压展放车进行电缆盘的支撑和电缆展放。

（2）夜间施工及需要快速进场、转场的敷设地点，选用展放车进行电缆盘的支撑和电缆展放。

（3）进行电力电缆回收工作时，为了保证电缆高效、紧密地缠绕到电缆盘上，选用液压展放车进行电缆盘的支撑和电缆展放。

## （四）注意事项

（1）使用液压展放车之前，确保刹车系统、轮胎处于良好工作状态。

（2）操作液压展放车时，禁止离开，除非已经将引擎关闭，防止发生意外移动。

（3）装载电缆盘时，应反向安装线盘轴安全装置，确保电缆盘和轴不跳出装载钩。

（4）每次使用液压展放车前，应检查液压和引擎油面。

## （五）优化方向

液压展放车可实现多种型号电缆盘的支撑和电缆展放，但是本身不具备牵引动力，只能由其他车辆拖拽行驶，应在牵引动力方面进行优化，使液压展放车具备行驶动力。

### （六）技术经济分析

（1）液压展放车尾部U形结构可打开，能够适应多种型号的电缆盘。

（2）可由工程车或牵引车牵引至施工现场，较电缆盘支撑装置节省设备组装时间，转场便捷，较大提高施工效率。

## 三、电缆输送机

### （一）功能及原理

电缆输送机是电缆敷设时用于输送电缆的机械设备。输送机采用凹形履带夹紧电缆，采用双轴驱动，使输送力和重力分别作用在电缆的两个方向，有利于保护电缆。履带采用高强度耐磨橡胶，使电缆受力均匀。其外形见图3－4。

图3－4　电缆输送机

### （二）技术参数

电缆输送机技术参数见表3－3。

表 3-3　　电缆输送机技术参数

| 参数＼型号 | JSD-3 | JSD-5B | JSD-5C | JSD-8 |
|---|---|---|---|---|
| 输送电缆直径（mm） | $\phi$48～140 | $\phi$74～180 | $\phi$48～180 | $\phi$48～180 |
| 额定输送力（kN） | 3 | 5 | 5 | 8 |
| 输送速度（m/min） | 6 | | | |
| 夹紧扭矩（N·m） | 50 | | | |
| 电源（VAC） | 380，中性点接地 | | | |
| 电机功率（kW） | 0.37×2 | 0.75×2 | 0.75×2 | 1.1×2 |
| 净重（kg） | 155 | 165 | 185 | 270 |
| 外形尺寸（mm×mm×mm，长×宽×高） | 920×500×370 | 970×485×385 | 1015×585×425 | 1238×680×475 |

## （三）选用原则

（1）110kV 及以上电压等级电力电缆敷设一般选用 JSD-5B 型，35kV 以下电压等级电力电缆长距离敷设一般采用 JSD-3 型。

（2）根据电力电缆直径选择相应口径的电缆输送机。

（3）电缆输送机输送力和选用数量，应与电力电缆重量相匹配。

## （四）注意事项

（1）在现场布置时，所有输送机都应按电缆敷设方向放置，然后通电试运行，检查机器运行方向是否相同，所有输送机运行方向必须保持一致。

（2）第 1 台输送机距电缆盘 15～30m 为宜，其余各台间距 25～50m，视电缆截面及敷设路径的复杂程度而定。

（3）输送机两端的滚筒，应根据电缆直径调至适当高度，使电缆能通过履带中部，同时将履带张开，作为电缆进入的准备。

（4）为使电缆平行进入输送机，输送机前后 1m 均需放置滑车。

（5）电缆端头越过输送机 1.5m 以后，开动机器，再将电缆放入机器履带中间，然后旋动夹紧手柄，使履带夹紧电缆输送运行。

（6）为保证输送同步，要求电缆输送机夹紧力全线尽量一致，可采用力矩扳手的方法保证每台输送机所受的夹紧力一致。

### （五）优化方向

电缆输送机敷设电力电缆较好地解决了牵引力过大、侧压力过大、输送不同步等技术难题，但本身自重较大，不便于运输，应在结构上进行优化，减轻电缆输送机重量和尺寸，便于隧道内运输。

### （六）技术经济分析

（1）电缆输送机每分钟敷设电缆 6m，最大敷设电缆直径 180mm，按照电缆盘长 500m 估算，每盘电缆敷设完成仅需 90min。工效显著远高于人工敷设。

（2）采用电缆输送机敷设电缆，以盘长 500m 估算，大约需要人工 25 人左右；相对于长距离人工敷设只能采用分段牵引方式，不仅需要大量人工，加之人员疲劳及反复牵引等因素，敷设效率极低。采用机械敷设相对于人力敷设电缆，人工成本低，投入少。

（3）电缆输送机操作简单，容易被施工人员掌握，降低施工安全风险。

（4）220kV 及以上电压等级电力电缆敷设，受电缆截面及敷设距离、敷设环境等因素，不适用于人工敷设。

## 四、电缆牵引机

### （一）功能及原理

电缆牵引机是用于电力电缆敷设时提供牵引力的机械设备。以电动机为原动机，经弹性联轴节、三级封闭式齿轮减速箱、由联轴节驱动绳筒，通过绳筒上的绳索拖动电缆，完成电力电缆展放。其外形见图 3－5。

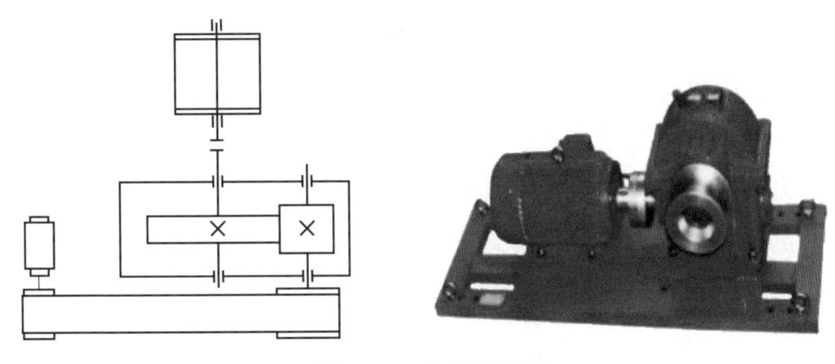

图 3－5　电缆牵引机

## （二）技术参数

电缆牵引机技术参数见表3－4。

表3－4　　电缆牵引机技术参数

| 参数 \ 型号 | | JQY－18 | JQY－30 | JQY－50 |
|---|---|---|---|---|
| 额定牵引力（kN） | | 18 | 30 | 50 |
| 电机功率（kW） | | 3 | 4 | 5.5 |
| 适用钢丝绳直径（mm） | | 13 | 15 | 15 |
| 牵引速度（m/min） | | 6 | | |
| 电源（V AC） | | 380 | | |
| 净重（kg） | 牵引主机 | 262 | 355 | 495 |
| | 收线轮 | 80 | | |
| 外形尺寸（mm×mm×mm，长×宽×高） | 牵引主机 | 1100×500×625 | 1430×700×670 | 1430×700×720 |
| | 收线轮 | 780×730×782 | | |

## （三）选用原则

（1）根据电力电缆截面及重量选用电缆牵引机，电缆牵引机适用于中低压、中短距离电力电缆展放。

（2）使用时避免电缆端部牵引力过大而对电缆内部产生损伤，应与放缆滑车配合使用。

## （四）注意事项

（1）作业前检查牵引机的防护设施、电气线路、接地线、制动装置和钢丝绳等全部合格后方可使用。

（2）先进行无荷载试运转，合格后方可进行正常工作。

（3）检查卷筒旋转方向应和操纵开关上指示的方向一致。

（4）检查钢丝绳长度是否符合作业要求，钢丝绳不许打结、扭绕，断股、断丝。

（5）在一个节距内断丝超过 10%或断股超过 5%或磨损超过规定时，必须进行更换。

（6）当电缆自重过大，牵引机可能造成电缆端部挤压变形时，禁止使用牵引机作为电缆展放牵引设备。

（7）牵引机必须固定牢靠，防止松动，以免对人员、设备带来安全隐患。

### （五）技术经济分析

（1）使用牵引机进行电缆敷设，相较于人力敷设，提高了工作效率。

（2）电缆牵引机所需机械设备简单，布置方便，缩短了工作准备时间。

## 五、放缆滑车

### （一）功能及原理

放缆滑车用于在电力电缆敷设过程支撑电缆并减小牵引力的机械。放缆滑车通过定滑轮的转动，将电缆和滑车之间的滑动摩擦力转为滚动摩擦力，滚动摩擦力远小于滑动摩擦力，因此使用放缆滑车减小了电缆外护套损伤的风险。其外形见图 3－6。

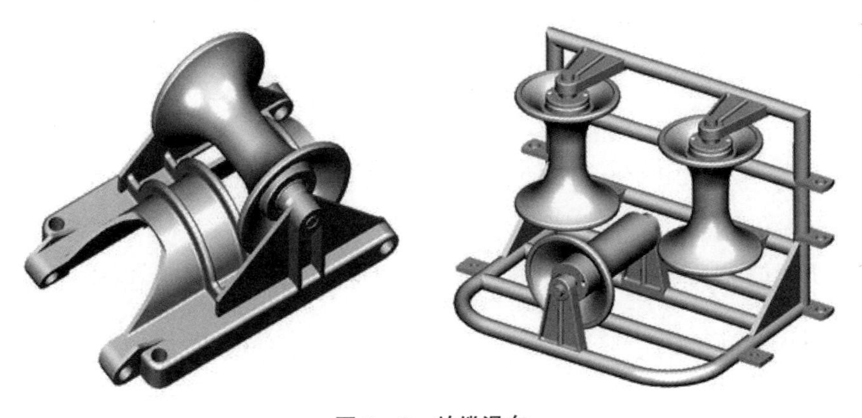

图 3－6　放缆滑车

### （二）技术参数

放缆滑车技术参数见表 3－5。

表3-5　　放缆滑车技术参数

| 参数 \ 型号 | HCL-120 | HCL-180 | ZCL-120 | ZCL-180 |
|---|---|---|---|---|
| 适用电缆直径（mm） | ϕ120 | ϕ180 | ϕ120 | ϕ180 |
| 使用施工部位 | 直线支撑 | 直线支撑 | 转弯支撑 | 转弯支撑 |
| 净重（kg） | 4 | 12 | 13 | 26.5 |
| 外形尺寸（mm×mm×mm，长×宽×高） | 375×220×194 | 440×328×256 | 530×318×316 | 690×439×430 |

## （三）选用原则

（1）根据电缆直径选择不同尺寸的放缆滑车。一般110kV及以下电压等级直线电缆敷设选用HCL-120型放缆滑车；220kV及以上电压等级直线电缆敷设选用HCL-180型放缆滑车。

（2）直线支撑滑车选用以电力电缆在敷设过程中不与地面接触为原则，另外也可根据所受牵引力大小增加直线支撑滑车数量。

（3）转弯施工部位，根据电缆直径选择不同尺寸的转弯支撑电缆滑车。

## （四）注意事项

（1）电缆敷设过程中，所有设置的放缆滑车必须先进行检查，滑轮滚动良好，表面不得有尖锐棱角。

（2）敷设过程中，如需要调整滑车位置，应停车进行。严禁敷设过程中在滑车处电缆敷设上游位置进行调整。

（3）转弯支撑电缆滑车需固定牢靠，重点关注，保持转弯处通信畅通。

## （五）优化方向

电力电缆敷设中，放缆滑车作为支撑装置，最大限度地减小了摩擦力，有效防止了电缆外护套损伤。但其本身不具备动力，仍需多台电缆输送机提供动力，应对电缆滑车进行优化，由从动变为主动使其具备动力，减少电缆输送机的数量，优化敷设系统，方便施工。

### （六）技术经济分析

使用放缆滑车作为敷设支撑装置，减小了电力电缆敷设过程中的摩擦力，提高了施工质量。

## 六、导引滑轮组

### （一）功能及原理

导引滑轮组包括出入井滑轮组和井口滑轮组。出入井滑轮组用于电缆展放时井口与电缆盘之间的位置，电缆敷设过程中起到井口位置与电缆盘之间均匀支撑跨度电缆并保证弯曲半径的机械装置。井口滑轮组用于电缆敷设时固定于放线井口位置，起到防止电缆在敷设过程中的水平摆动与井口、井壁之间的磕碰作用。

导引滑轮组采用滑轮和圆弧形支架组成，使电力电缆在进、出入竖井至隧道内时保持弯曲并满足弯曲半径的要求。井口滑轮组采用滑轮和角钢支架、固定装置组成，通过滑轮的滚动摩擦力避免电缆护套产生碰伤。其外形见图 3－7。

图 3－7　导引滑轮组

### （二）技术参数

导引滑轮组技术参数见表 3－6。

表 3-6　　导引滑轮组技术参数

| 参数＼型号 | 出入井滑轮组 | 井口滑轮组 |
|---|---|---|
| 适用电缆直径（mm） | φ90 及以上 | φ90 及以上 |
| 使用施工部位 | 出井、入井 | 井口位置 |
| 净重（kg） | 80 | 10 |
| 弯曲半径（m） | 2.8 | — |

### （三）选用原则

（1）导引滑轮组适用于 110kV 及以上电压等级电力电缆的敷设工作。

（2）电缆盘与放线井口位置距离较长、敷设落差较大时，应选用出入井滑轮组装置。

（3）电缆敷设入井口位置，应选用井口滑轮组装置。如敷设竖井较深，也可在下层平台竖井进线位置或与隧道衔接处加装固定装置配合使用。

### （四）注意事项

（1）安装出入井口滑轮组时应由多人操作，防止滑轮组坠落。

（2）安装出入井口滑轮组时需在周围搭设固定支撑装置。

（3）安装完毕后应检查出入井滑轮组以及井口滑轮组，确保转动顺畅，无毛刺棱角，以免划伤电缆。

（4）安装井口滑轮组应固定牢固，过程中加强巡视。

### （五）优化方向

导引滑轮组解决了电缆敷设过程中支撑导引和弯曲半径的要求，但自重大，不便于搬运转移，应针对导引滑轮组的材质和结构进行优化，使用更轻型的材料，采用模块化设计，实现使用和运输高效便捷。

### （六）技术经济分析

导引滑轮组结构简单、拆装便捷，导引滑轮组弯曲半径满足电缆敷设的要求，避免了由于弯曲半径不满足要求而导致的电缆挤压，确保敷设质量。

## 七、弯曲半径测量尺

### （一）功能性能

弯曲半径测量尺是现场可即时检查电缆弯曲半径的装置。通过制作多种规格的专用标准尺，满足现场不同直径电缆的需要。采用弯曲半径测量尺与现场电缆弯曲部位进行比对，校验电缆弯曲半径是否符合要求。其示意见图3-8。

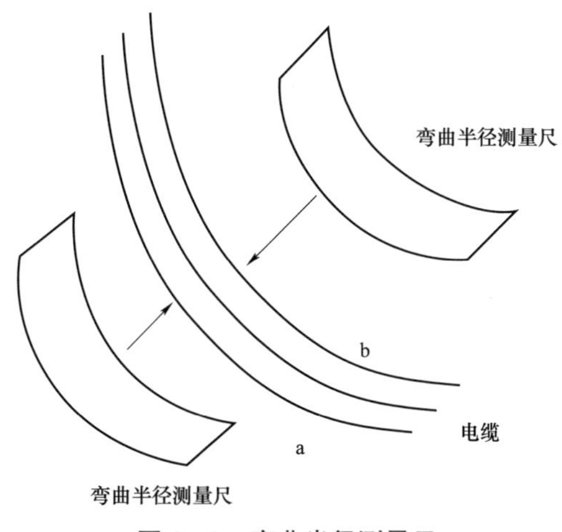


图3-8　弯曲半径测量尺

### （二）技术特点

弯曲半径测量尺根据不同型号电缆标准的弯曲半径进行制作，测量时只需将标准尺和电缆进行比较，即可检测出电缆弯曲半径是否符合要求。

### （三）技术参数

弯曲半径测量尺技术参数见表3-7。

表3-7　　弯曲半径测量尺技术参数

| 参数＼型号 | R14 | R16 | R20 | R25 |
|---|---|---|---|---|
| 适用电缆弯曲半径（m） | 1.4 | 1.6 | 2.0 | 2.5 |
| 净重（kg） | 0.5 | 0.5 | 0.5 | 0.5 |

### （四）技术经济分析

（1）测量效率高：使用弯曲半径测量尺检测，将检查时间缩短至 5min，测量效率高。

（2）人员投入少：弯曲半径测量尺仅需一人操作，较传统测量方法减少人工。

# 第四章

# 电力电缆蛇形布置

## 工艺过程描述

电力电缆在隧道内通过输送机展放至指定位置后，将电力电缆从输送机上移动到隧道内的电缆支架上，从一端开始将蛇形敷设的波峰点固定，通过顶伸装置配合电缆推进，顶出蛇形敷设的波谷点，最后通过固定金具进行固定。电力电缆蛇形布置施工流程见图 4－1。

图 4－1　电力电缆蛇形布置施工流程图

## 主要施工装备应用

本工序主要采用手拉（手扳）葫芦、电缆校直机、液压顶伸器、电缆托举装置。

### 一、手拉（手扳）葫芦

#### （一）功能及原理

手拉（手扳）葫芦可以实现对电缆的提升、牵引、下降等功能，手拉（手扳）葫芦按照驱动方式可分为手拉和手扳两类。手拉葫芦是通过手拉环链达到拉紧、起重的目的；手扳葫芦是通过手柄扳动环链达到拉紧、起重的目的。在电缆敷设完成后，使用手拉（手扳）葫芦将电缆就位。

手扳葫芦是通过人力扳动手柄借助杠杆原理获得与负载相匹配的直线牵引力，轮换地作用于机芯内负载的一个钳体，带动负载运行，其外形见图 4－2。

手拉葫芦继承了定滑轮的优点，采用反向逆止刹车的减速器和环链滑轮组的结合，对称排列二级齿轮转动结构。手拉葫芦通过拽动手动环链、手链轮转动，将摩擦片棘轮、制动器座压成一共同旋转，齿长轴转动片齿轮、齿短轴和花键孔齿轮，装置在花键孔齿轮上的起重链轮就带动起重环链，从而平稳地提升重物，其外形见图 4－3。

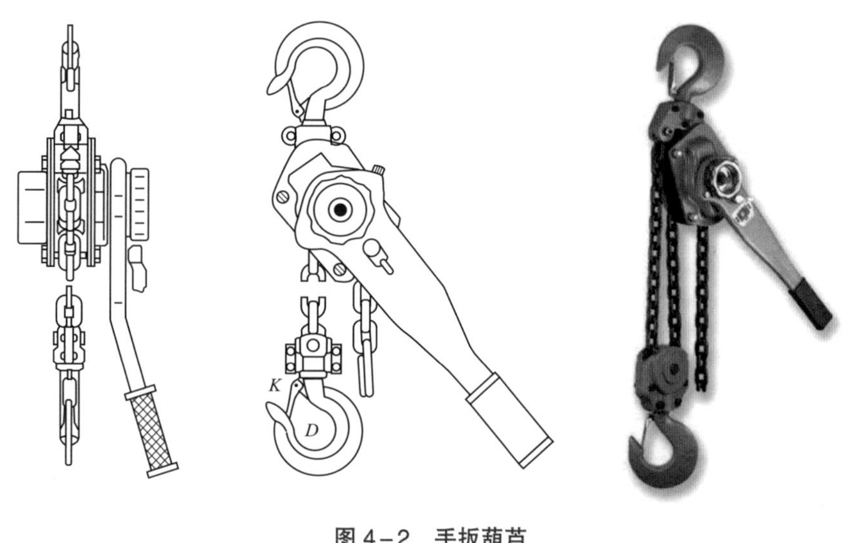


图 4－2　手扳葫芦

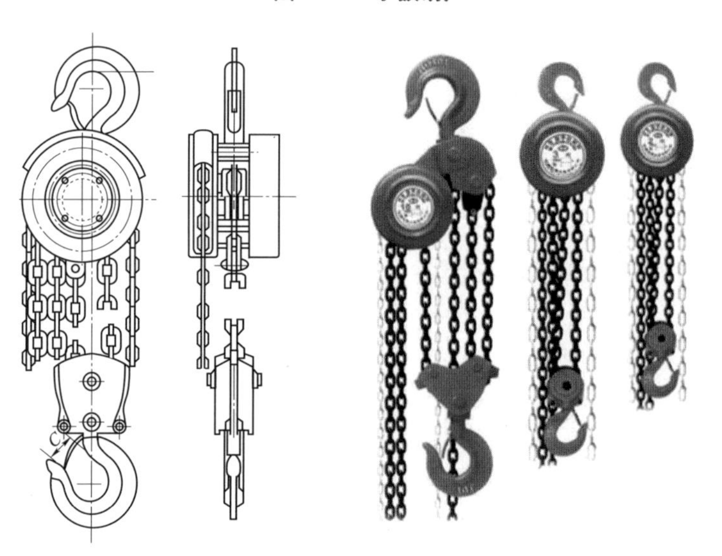


图 4－3　手拉葫芦

## （二）技术参数

手拉（手扳）葫芦技术参数见表 4－1。

表 4－1　　　　手拉（手扳）葫芦技术参数

| 参数 \ 型号 | SXX－H－0.75 | SXX－H－1.5 | SXX－3 | SXX－5 |
|---|---|---|---|---|
| 额定起重量（kN） | 7.5 | 15 | 30 | 50 |
| 额定起重高度（m） | 1.5 | 1.5 | 3 | 3 |
| 满载时手拉（手扳）力（N） | 140 | 240 | 360 | 390 |
| 起重量行数（行） | 1 | 1 | 2 | 2 |
| 起重链直径（mm） | 6 | 8 | 8 | 10 |
| 两钩间最小距离 $H$（mm） | 320 | 380 | 470 | 600 |
| 净重（kg） | 7.7 | 11.8 | 24 | 36 |

## （三）选用原则

（1）手拉葫芦通常应用于电缆垂直引上牵引、终端安装套管吊装、提升重物等施工过程。

（2）手扳葫芦通常应用于电缆水平就位、蛇形弯曲布置、接头电缆水平调直的施工过程。

（3）根据施工现场载荷配置手拉葫芦或手扳葫芦应便于安装、方便操作、安全施工。

## （四）注意事项

（1）使用过程中严禁超载。

（2）严禁使用人力以外的其他动力操作或机械操作。

（3）使用前确认机件部位完好无损，传动部分及起重链条润滑良好。

（4）起吊前检查上下吊钩是否挂牢，起重环链应垂直悬挂。

（5）起吊重物时，其中操作范围内严禁人员走动，以免发生人身事故。

（6）无论起吊重物上升或下降，操作人员操作时，用力应均匀和缓，不要用力过猛，以免环链跳动或卡环。

（7）制动器部分应经常检查，防止制动失灵现象。

### （五）技术经济分析

（1）人员投入少：手拉（手扳）葫芦仅需 1 人控制拉链或扳手即可实现大截面电缆起升或下降，大幅度降低人工成本。

（2）施工效率高：手拉（手扳）葫芦可实现较大重量电缆的起升、就位或牵引作业，并且可以多台同步操作实现协同作业，极大的调高了施工效率。

## 二、电缆校直机

### （一）功能及原理

电缆校直机是一种用于对大截面电力电缆进行弯曲或校直的机械设备。采用电缆校直机可以有效地对大截面电缆进行弯曲或校直，提高电缆敷设的质量，用于电力电缆蛇形敷设。

电缆校直机以电动液压泵作为驱动力，利用固定于两个机械臂之间的液压缸的伸缩，调节机械臂的角度，实现对电力电缆进行弯曲或校直功能。其外形见图 4-4。

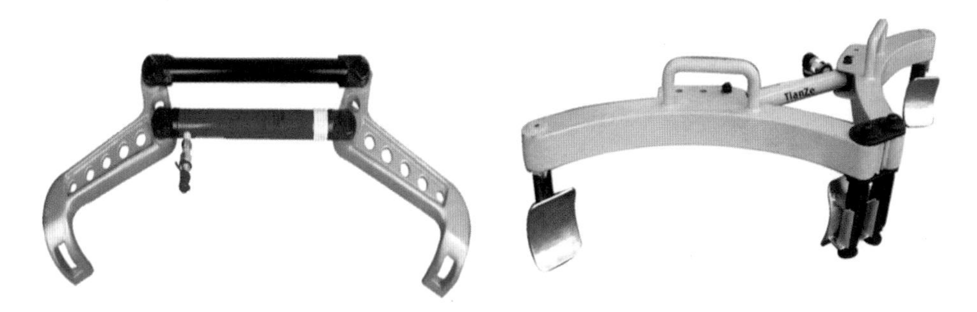


图 4-4　电缆校直机

### （二）技术参数

电缆校直机技术参数见表 4-2。

表 4-2　　电缆校直机技术参数

| 参数 \ 型号 | CB130 | CB160 |
|---|---|---|
| 适用电缆外径（mm） | φ130 | φ160 |
| 最大出力（kN） | 50 | 50 |
| 质量（kg） | 13 | 17 |
| 外形尺寸（mm×mm×mm，长×宽×高） | 980×380×260 | 1210×360×300 |

## （三）选用原则

（1）进行敷设工作或者接头处弯曲工作，需进行电力电缆弯曲及矫直时，可采用电缆校直机。

（2）当输送电缆的直径大于 130mm 以上时，应选用 CB160 型电缆校直机。当输送电缆的直径小于 130mm 时，选用 CB130 型电缆校直机。

（3）与其配套的液压泵一般选用 100t。

## （四）注意事项

（1）使用时应通过快速接头和高压油管将液压泵与液压缸连接，并锁紧。

（2）将需要校直或弯曲的电缆放入电缆校直器的机械臂弧形板中央，并确保不会硌伤电缆后，方可启动电动泵。

（3）多点操作，蛇形波幅满足工艺要求。

（4）高压油管应随时检查，避免打折或大幅度弯曲。

（5）使用完成后，打开泄压阀，直到液压缸活塞回到原位置，才能拆卸快速接头。

## （五）技术经济分析

（1）人员投入少：电缆校直器仅需 2 人操作即可实现电缆校直或弯曲，大幅度降低人工成本。

（2）施工效率高：电缆校直器仅需操作电动泵控制液压缸伸缩即可实现电缆校直或弯曲，极大地调高了施工效率。

（3）确保施工质量：电缆校直器可以准确地控制电缆弯曲程度，提高敷设质量。

## 三、液压顶伸器

### （一）功能及原理

液压顶伸器是一种新型的蛇形弯曲工具，可以通过电动驱动液压杆顶伸，实现电力电缆蛇形弯曲布置。

液压顶伸器以电动液压泵为驱动力，控制液压缸推进，实现电缆蛇形弯曲，通过液压泵上设置的压力表，实现对压力的实时监测。其外形见图 4-5。

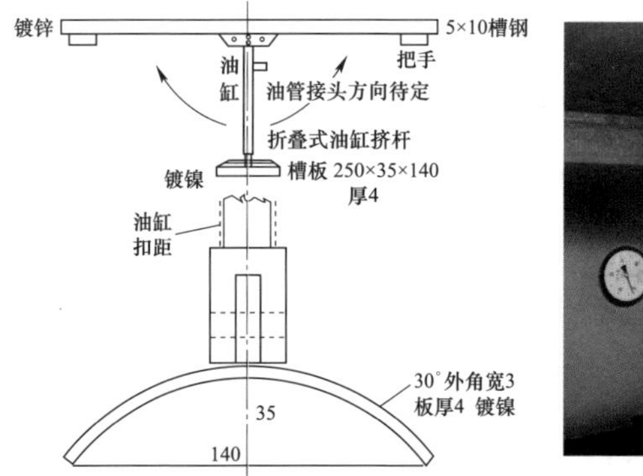


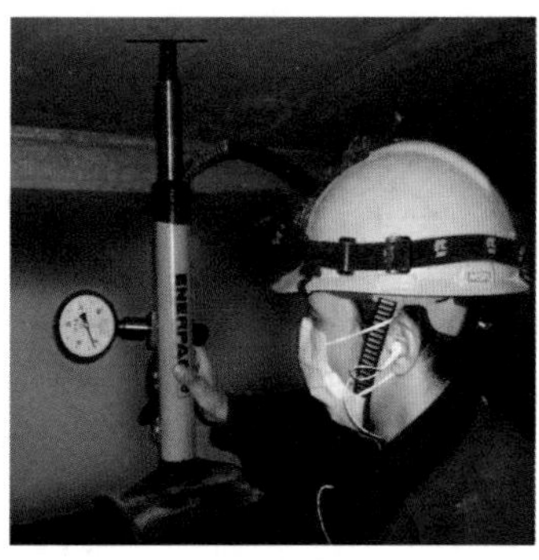

图 4-5　液压顶伸器

### （二）技术参数

液压顶伸器技术参数见表 4-3。

表 4-3　液压顶伸器技术参数

| 项　目 | 参　数 |
|---|---|
| 最大出力（kN） | 50 |
| 有效油量（$cm^3$） | 151 |
| 推进杆行程（mm） | 300 |
| 净重（kg） | 4 |

### （三）技术经济分析

（1）人员投入少：操作液压顶伸器仅需 2 人，较传统人力拿弯方式节约人工 3～5 人。

（2）施工速度快：液压顶伸器仅需由施工人员驱动液压泵即可实现蛇形弯曲顶伸，速度为传统人力拿弯方式的 2 倍。

（3）确保施工质量：液压顶伸器可以通过压力表实时监测压力，保证电力电缆护层结构完好。

## 四、电缆托举装置

### （一）功能及原理

电缆托举装置是一种新型的电缆就位工具，可通过小型电动机实现电缆的托举就位。

电缆托举装置的托举部分以小型电动机为驱动力，通过电动力将电缆从输送机中提升至隧道内电缆支架上指定位置，实现电力电缆就位。其示意见图 4－6。

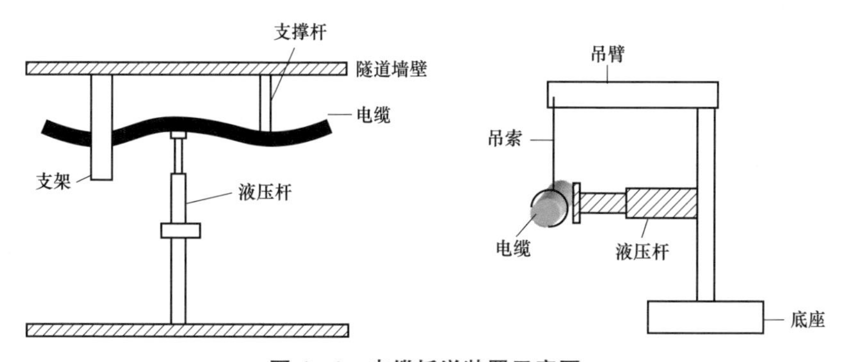


图 4－6　电缆托举装置示意图

### （二）技术参数

电缆托举装置技术参数见表 4－4。

表 4-4　　电缆托举装置参数

| 项　目 | 参　数 | 项　目 | 参　数 |
|---|---|---|---|
| 额定电压（V） | 220 | 最大出力（kN） | 50 |
| 提升重量（kg） | 400 | 有效油量（$cm^3$） | 151 |
| 提升高度（m） | 5 | 推进杆行程（mm） | 300 |

### （三）技术经济分析

（1）人员投入少：操作电缆托举装置仅需 5 人，较传统人力托举电缆就位方式节约 10～15 人。

（2）施工效率高：电缆托举装置仅需由少数施工人员操作电动机、电动泵即可实现电缆托举就位，速度为传统人力施工方式的 3～4 倍。

（3）确保施工质量：电缆托举装置可以通过联动控制实现 12～24m 电缆的同步提升就位，保证电缆护层受力均匀，提高敷设质量。

# 第五章

# 电力电缆接头安装

## 工艺过程描述

电力电缆敷设完成后，需要进行电力电缆接头安装工作，实现电力电缆与电力电缆的连接、电力电缆与架空线或其他电力设备的连接。

电力电缆固定后，用切断工具切除多余电力电缆，使用管刀破除电力电缆外护套及金属护套；电力电缆加热校直后，用电动打磨机对电力电缆绝缘屏蔽及绝缘层处理，完成应力锥或整体预制橡胶件安装；使用液压泵及钳头完成电力电缆导体压接，套入绝缘套管或铜外壳，经尾部密封后，最终完成电缆接头制作工作。电力电缆附件安装流程见图 5-1。

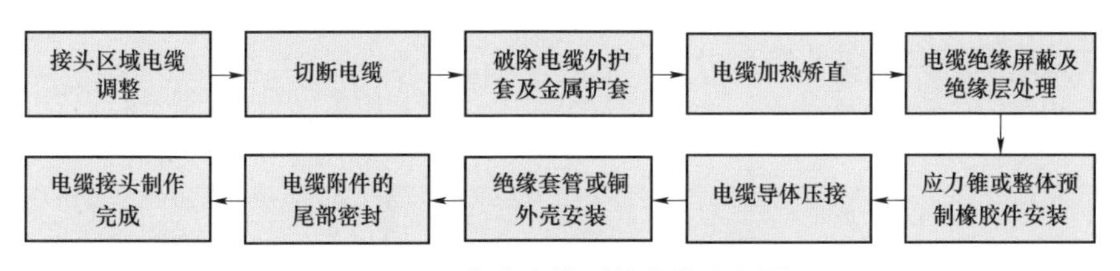


图 5-1 电力电缆附件安装流程图

## 主要施工装备应用

本工序主要采用电缆切断工具，手锯、管刀，电缆加热装置，转刀，电动打磨机，游标卡尺，预制橡胶件安装工具，内窥镜，液压泵及压接钳头。

# 一、往复锯

## （一）功能及原理

往复锯是一种小型手持式的切断设备，在电力电缆工程施工中常用于电缆线芯的切割。往复锯通过马达驱动减速机输出动力，带动曲柄进行圆周运动，曲柄圆周运动带动连杆，连杆连接往复杆在直线轴承的限制作用下进行直线往复运动，前端的锯片锁定在往复杆上，从而跟随往复杆进行往复运动，对产品进行切割。其外形见图5－2。

图5－2　往复锯

## （二）技术参数

往复锯技术参数见表5－1。

表5－1　往复锯技术参数

| 型号<br>参数 | JR3050T | JR3070CT | GSA1100E |
|---|---|---|---|
| 电源（VAC） | 220 | 220 | 220 |
| 冲程速度（次/min） | 0～2800 | 0～2800 | 0～2700 |
| 功率（W） | 1010 | 1510 | 1100 |
| 冲程长度（mm） | 28 | 32 | 23 |
| 净重（kg） | 3.3 | 4.6 | 3.6 |

## （三）选用原则

（1）往复锯常用于电缆处理完毕后，电缆线芯的切割。

（2）切割直径较小的电缆，及对精度要求高的部位，选用往复锯。

（3）切割工具的选择应满足电缆直径的要求。

### （四）注意事项

（1）检查锯条是否安装牢固，检查各个紧固部位是否松动。

（2）打开电源，检查指示灯是否正常，启动设备检查设备是否运转正常。

（3）避免突然启动，确保开关在插入插头时处于关断状态。

（4）禁止非专业人士拆卸机械设备。

## 二、轮盘锯

### （一）功能及原理

轮盘锯是用于切割电缆的手持切断设备，轮盘锯通过电动马达提供输出动力，马达旋转带动圆盘锯旋转，从而对物体进行切割。其外形见图 5-3。

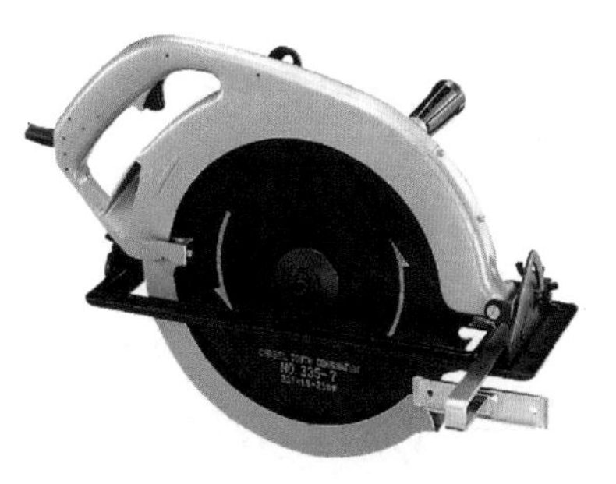

图 5-3　轮盘锯

### （二）技术参数

轮盘锯技术参数见表 5-2。

表 5-2　轮盘锯技术参数

| 参数＼型号 | HS7600 | HS6600 | N5900B |
| --- | --- | --- | --- |
| 电源（VAC） | 220 | 220 | 220 |
| 切割能力（mm） | 0°，64<br>45°，42 | 0°，54.5<br>45°，37.5 | 50°，53<br>45°，60 |
| 功率（W） | 1200 | 1010 | 2000 |
| 锯片直径（mm） | 185 | 165 | 235 |
| 净重（kg） | 3.9 | 3.7 | 7.0 |

### （三）选用原则

（1）切割电缆量大且对切割精度要求不高时，选用轮盘锯。

（2）根据电缆直径选择相应尺寸的轮盘锯。

### （四）注意事项

（1）正确着装，不要穿宽松的衣服或佩戴首饰，避免使衣服、首饰和长发卷入运动部件中。

（2）不要无意识地开机，在插入插座前确保开关置于关闭状态。当插入插座开关在开的状态时，容易引起事故的发生。

（3）保持身体平衡，不要在操作机器时使身体失去平衡。

（4）正确使用安全用品，减少人身伤害事故的发生。

（5）切割前，确保马达已达到最高转速，不要在加速阶段进行切割。

## 三、环形带锯

### （一）功能及原理

环形带锯用于切割电缆的手持切断设备，环形带锯主要由锯框、链杆、电动马达、锯条等部件组成。其工作原理为装在锯框上的锯条在连杆的带动下随着锯框做往复运动，从而实现对物体的锯切加工。其外形见图 5－4。

图 5－4　环形带锯

### （二）技术参数

环形带锯技术参数见表 5－3。

表 5–3　　　　环形带锯技术参数

| 参数 \ 型号 | 2107FK | KDL–JC–120 | SIEG–G2 |
|---|---|---|---|
| 电源（V AC） | 220 | 220 | 220 |
| 切割能力（mm） | 圆材直径 120 | 圆材直径 100 | 圆材直径 120 |
| 功率（W） | 710 | 680 | 735 |
| 体积（mm × mm × mm，长 × 宽 × 高） | 508 × 188 × 256 | 650 × 320 × 425 | 520 × 200 × 230 |
| 净重（kg） | 5.7 | 7.0 | 7.0 |

### （三）选用原则

（1）切割直径较小的电缆，及对精度要求高的部位，选用环形带锯。

（2）切割工具的选择应满足电缆直径的要求。

（3）适于用室内、居民区等对于静音程度要求较高的区域。

### （四）注意事项

（1）使用过程中应注意工具与邻近人员位置，避免伤人。

（2）更换锯条时应先断电源，再进行更换。

（3）操作人员应熟悉锯的结构、性能、防护装置等基本知识和使用方法。

（4）使用中，施工人员必须站在电锯切割的侧面，防止伤人。

（5）使用中，施工人员应注意力集中。

## 四、手锯

### （一）功能及原理

手锯是用于切割电缆外护套和金属护套的手动工具。手锯由锯架和锯条两部分组成，通过锯条上的锯齿与被切割物体的摩擦达到切割物体的目的。其外形见图 5–5。

图 5–5　手锯

### （二）技术参数

手锯技术参数见表5-4。

表5-4　　手锯技术参数

| 参数＼型号 | 14T | 18T | 24T |
|---|---|---|---|
| 齿（个） | 14 | 18 | 24 |
| 锯条长度（mm） | 300 | 300 | 300 |

### （三）选用原则

（1）手锯适用于各种型号的电缆。

（2）根据锯齿选用不同型号手锯，锯金属时宜选用细齿锯条。

### （四）注意事项

（1）安装锯条时，应使其锯齿方向为向前推进方向。

（2）开始锯割时，使锯条与物体平面形成一个适当的角度。

（3）两手用力推进方向应与锯口方向一致，避免过度用力推进和快进。

（4）使用手锯切割电缆外护套及金属护套时，应时刻注意切入深度，以免损伤电缆绝缘。

## 五、管刀

### （一）功能及原理

针对110kV及以上电压等级大截面电缆，电缆附件安装时，为了省力和提高工作效率，保证电缆外护套，尤其是金属护套断口平直，使用管刀剥除外护套和金属护套。采用管刀对外（金属）护套做环形切割时，通过调节端部旋钮控制进刀深度，切入深度不得超过外（金属）护套厚度的2/3。其外形见图5-6。

### （二）技术参数

管刀技术参数见表5-5。

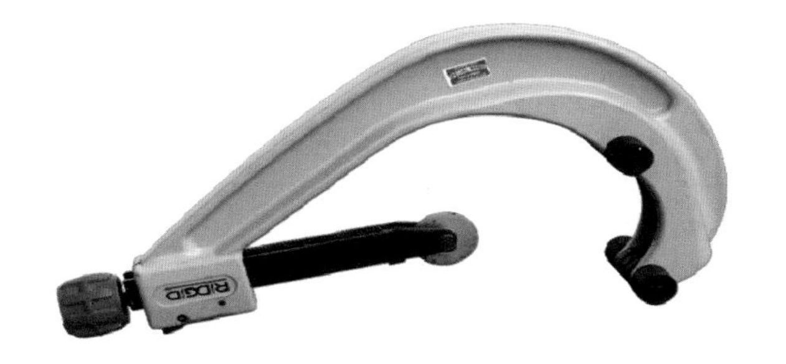


图 5–6　管刀

表 5–5　　管 刀 技 术 参 数

| 参数 \ 型号 | 290100 | 290200 |
|---|---|---|
| 切割电缆外径（mm） | ϕ50～110 | ϕ110～160 |
| 净重（kg） | 1.1 | 1.8 |

### （三）选用原则

（1）根据电力电缆外径的不同，选用不同规格的管刀类型。

（2）适用于有铝护套的电缆。

### （四）注意事项

（1）在管刀切割电缆外护套时，需要将电缆调直，防止电缆弯曲度过大造成刀片进入护套的深浅度差别太大，损伤下一层金属护套。

（2）在管刀切割电缆金属护套时，根据护套上波峰波谷的循环变化调整管刀尾部的旋转开关。切割过程中，用力均匀，防止跑刀。

（3）在剥切过程中必须注意，剥除时不能损坏绝缘半导电层，否则会使绝缘层割伤，影响接头的绝缘性能。

### （五）优化方向

电缆管刀较好的解决了电缆外护套，尤其是金属护套断口平直的问题，在施工过程中，对人员的操作水平要求比较高，为了最大限度地使用此工具，保证电缆外（金属）护套的切割质量，应在结构上进行优化，安装切割过度报警指示，提高切割精度，保证电缆施工质量。

### （六）技术经济分析

（1）采用手锯进行切割金属护套需 30min，选用管刀进行切割金属护套需 10min，工效显著高。

（2）管刀相对于手锯，刀片使用周期长，耐磨损，经济性好。

## 六、电缆加热箱

### （一）功能及原理

电缆加热箱通过将加热带缠绕在电力电缆上，通电加热至一定温度并持续一定时间，温度升高后去除绝缘的内部应力。加热箱温控部分采用非线性校正、热电偶冷端自动补偿、热电偶断线保护电路，使控温性能、安全性和可靠性有效提高。其外形见图 5-7。

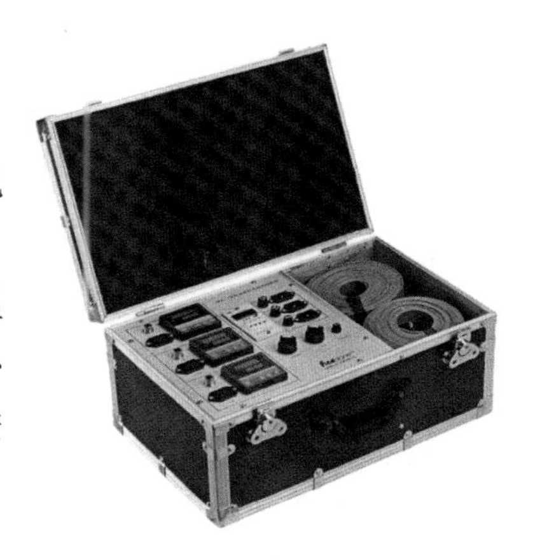

图 5-7 电缆加热箱

### （二）技术参数

电缆加热箱技术参数见表 5-6。

表 5-6 电缆加热箱技术参数

| 参数 \ 型号 | 电缆加热箱 |
|---|---|
| 温度控制范围（℃） | 0～250 |
| 温度控制精度（℃） | ±1 |
| 时间设置范围（h） | 0～99 |
| 温度控制方式 | 自动/手动可选 |
| 电源（VAC） | 220 |

### （三）选用原则

（1）电缆加热箱适用于多种类型电缆的加热。

（2）电缆加热箱适用于户外终端、GIS 终端等加热段较长的部位。

### （四）注意事项

（1）不能折叠、打结和重压加热带。尤其不能折叠成死折，否则会造成加热丝断裂。

（2）缠绕时要避开被加热对象的尖角处，防止扎伤加热带。

（3）可根据不同加热温度变化缠绕密度，但不宜重叠缠绕，否则会引起高温影响使用寿命。

（4）电源引线一端在缠绕时应留出10cm左右，避免接头处加热丝断裂。

### （五）技术经济分析

（1）功效高：电缆加热箱可以快速加热至恒温。

（2）操作方便：电缆加热箱操作简单，安全性高。

（3）电缆加热箱温控采用补偿装置，有效提高性能。

## 七、转刀

### （一）功能及原理

电力电缆外护套、金属护套去除后，使用转刀去除电力电缆绝缘层及绝缘屏蔽层。首先按照电力电缆结构使用转刀去除绝缘层，露出电力电缆导体。然后根据不同的电力电缆外径调节刀片位置，并使刀具的中心与电力电缆的中心一致，通过转刀平稳推进，完成绝缘屏蔽层的剥切。其外形见图5－8。

(a)

(b)

**图5－8 转刀**

（a）220kV转刀；（b）110kV转刀

### （二）技术参数

转刀技术参数见表5－7。

表5－7　　转刀技术参数

| 参数 \ 型号 | CP－120A | BP－140 |
|---|---|---|
| 电压等级（kV） | 110～220 | 110 |
| 适用电缆直径（mm） | $\phi$70～160 | $\phi$35～190 |
| 绝缘厚度（mm） | ≤25 | ≤20 |
| 净重（kg） | 3.6 | 2.0 |
| 尺寸（mm×mm×mm，长×宽×高） | 430×120×240 | 430×120×240 |

### （三）选用原则

（1）根据电力电缆绝缘屏蔽层外径的不同，选用不同规格的转刀类型。

（2）转刀适用于110kV及以上电压等级电力电缆绝缘及屏蔽层处理。

### （四）注意事项

（1）在转刀剥除电力电缆绝缘屏蔽层时，调整好进刀深度，防止刀具损伤绝缘层。

（2）在转刀剥除电力电缆绝缘屏蔽层斜坡过度区域时，不断调整刀片深度，保证光滑过度。

（3）剥除绝缘层时，注意不要损坏电缆导体。

### （五）优化方向

转刀较好地解决了电力电缆绝缘屏蔽层和绝缘层的剥除问题。在施工过程中，对人员的操作水平要求比较高，应在结构上进行优化，制作半导电断口自动处理装置，代替人力处理半导电，提高施工效率，保证施工质量。

### （六）技术经济分析

（1）采用转刀进行电力电缆绝缘屏蔽层和绝缘层剥除，时间为15min，手工剥除为 30min。

（2）使用转刀剥除电力电缆绝缘层和屏蔽层。

## 八、电动打磨机

### （一）功能及原理

电动打磨机以电动机作为动力，通过传动机构驱动工作头带动环形砂带做圆周运动，实现电缆绝缘层及绝缘屏蔽层打磨。其外形见图 5-9。

图 5-9　电动打磨机

### （二）技术参数

电动打磨机技术参数见表 5-8。

表 5-8　电动打磨机技术参数

| 项　目 | 参　数 |
|---|---|
| 电压等级（kV） | 110～500kV 以下 |
| 砂带周长（mm） | 670 |
| 砂带速度（m/min） | 200～1000 |
| 砂带宽度（mm） | 30 |
| 净重（kg） | 2.5 |
| 尺寸（mm×mm×mm，长×宽×高） | 430×120×240 |

### （三）选用原则

（1）根据接头工艺要求选择：电缆屏蔽层及绝缘层打磨，110kV 电压等级使用 200～600 号砂纸，220kV 电压等级使用 200～800 号砂纸。

（2）电动打磨机只适用于粗打磨。

（3）电动打磨机只适用于电缆绝缘表面的打磨。

### （四）注意事项

（1）打磨屏蔽层的砂纸严禁用于打磨绝缘层，避免把半导电带入绝缘表面。

（2）更换砂带后，务必使砂带内侧和后滑轮上的箭头标记指向同一个方向。

（3）打磨时，应先选用粗砂纸，后选用细砂纸。

（4）打磨机使用前必须进行开机试转，确保运行平稳。

（5）使用打磨机时，不可用力过猛应缓慢均匀用力。

### （五）优化方向

电动打磨机较好地解决了电缆绝缘层打磨的问题，在施工过程中，由于打磨造成的绝缘粉末较多，为了最大限度地使用此工具，保证施工人员的健康安全，应在结构上进行优化，增加粉末收集装置。

### （六）技术经济分析

电力电缆绝缘层的打磨如选用人工进行打磨时需 120min，使用打磨机打磨时需 60min，工效显著高于手工打磨。

## 九、平板抛光机

### （一）功能及原理

平板抛光机是用于机械研磨及抛光的机械设备，抛光机的工作原理是电动机带动安装在抛光机上的抛光盘产生平面振动，抛光盘与抛光物与被抛物表面摩擦，达到表面抛光的目的。其外形见图 5－10。

图 5－10　平板抛光机

### （二）技术参数

平板抛光机技术参数见表 5－9。

表 5－9　　　　　　　　　　平板抛光机技术参数

| 型号<br>参数 | M9200B | M9201B |
|---|---|---|
| 额定功率（W） | 180 | 180 |
| 轨道转数（opm） | 14 000 | 12 000 |
| 垫子尺寸（mm×mm，长×宽） | 112×102 | 93×185 |
| 净重（kg） | 0.89 | 1.3 |

### （三）选用原则

（1）平板抛光机是用于打磨和抛光的机械设备，当电缆需要打磨区域很长时，宜使用平板抛光机。

（2）平板抛光机适用于 110kV 及以上电压等级高压电力电缆主绝缘的打磨。

（3）平板抛光机在电力电缆施工中只适用于电力电缆绝缘表面的打磨。

### （四）注意事项

（1）如果开关不能接通或关断工具电源则不能使用该电动工具。

（2）在进行任何调节更换附件或储存电动工具之前必须从电源上拔掉插头和或使电池盒与工具脱开。

（3）按照使用说明书考虑作业条件和进行的作业来使用电动工具。

（4）运行中的工具不可离手放置只能在手握工具的情况下运行工具。

（5）进行打磨操作时请对工作区进行足够的通风。

### （五）技术经济分析

电力电缆绝缘层的打磨如选用人工进行打磨时需 120min，使用平板抛光机打磨时需 60min，工效显著高于手工打磨。

## 十、游标卡尺

### （一）功能及原理

游标卡尺。是一种测量长度、内外径、深度的量具。游标卡尺主要由主尺和附在主尺上能滑动的游标两部分构成。游标与尺身之间有一弹簧片，利用弹簧片的弹力使游标与尺身靠紧。游标上部有一紧固螺钉，可将游标固定在尺身上的任意位置。其外形见图 5－11。

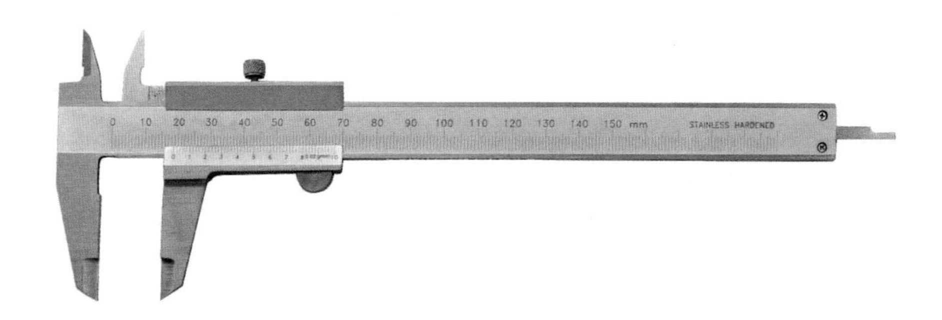


图 5－11　游标卡尺

### （二）技术参数

游标卡尺技术参数见表 5－10。

表 5－10　　游标卡尺技术参数

| 参数 \ 型号 | SJ－455515 | SJ－455520 | SJ－455530 |
| --- | --- | --- | --- |
| 规格（mm） | 0～150 | 0～200 | 0～300 |
| 内侧抓深度（mm） | 24 | 26 | 28 |
| 外侧抓深度（mm） | 40 | 47 | 56 |
| 尺身长（mm） | 232 | 300 | 415 |

### （三）选用原则

（1）根据电力电缆绝缘直径选择相应规格尺寸的游标卡尺。

（2）游标卡尺适用于 110kV 以上电压等级电力电缆主绝缘外径测量。

（3）应选用测量精度为 0.02mm 的游标卡尺。

### （四）注意事项

（1）游标卡尺属于精密测量工具，要轻拿轻放，不得碰撞或跌落。

（2）测量时，应先拧紧松紧固定螺钉，移动游标不能用力过猛。两量爪与被测物接触不宜过紧。

（3）读数时，视线应与齿面垂直。如需固定读数，可用紧固螺钉将游标固定在尺身上，防止滑动。

（4）测量时，对同一长度应多次测量，取其平均值来消除偶然误差。

（5）使用游标卡尺测量电缆主绝缘直径时，不宜用力加紧移动游标，防止游标划伤电缆绝缘。

（6）使用游标卡尺测量电缆主绝缘直径时，应在 *X*、*Y* 轴方向多点测量。

### （五）技术经济分析

使用游标卡尺进行电力电缆主绝缘测量可有效保证电缆主绝缘尺寸，保证绝缘与应力锥之间的界面压紧力，从而达到场强分布均匀的目的。

## 十一、液压泵及压接钳头

### （一）功能及原理

液压泵及钳头用于电力电缆导体连接的压接。液压泵相当于一个配流阀式径向柱塞泵，压接钳头相当于一个液压千斤顶，高压胶管连接液压泵和压接钳头。其外形见图 5－12。

图 5－12　液压泵及压接钳头

### （二）技术参数

压接钳头技术参数见表 5－11。

表 5－11　　压接钳头技术参数

| 参数＼型号 | RHC－1000US | RHC－2000US |
| --- | --- | --- |
| 电压等级（kV） | 110 及以下 | 220 |
| 出力（t） | 100 | 200 |
| 压接范围（mm） | $\phi$76 及以下 | $\phi$105 及以下 |
| 型式 | 双管路 | 双管路 |

续表

| 参数 \ 型号 | RHC-1000US | RHC-2000US |
|---|---|---|
| 尺寸（mm×mm） | 447×241 | 480×250 |
| 质量（kg） | 35 | 95 |

### （三）选用原则

（1）液压泵和压接钳头选定后，根据压接管的外径选择模具。

（2）110kV 以下电压等级低压电力电缆选用手动液压钳。

（3）1600mm$^2$ 以下截面电缆宜选用 100t 压力的液压泵，1600mm$^2$ 以上截面电缆宜选用 200t 压力的液压泵。

### （四）注意事项

（1）压接前先检查套入电缆的附件数量、顺序和方向。

（2）压接前将电力电缆绝缘用保鲜膜临时保护。

（3）出线杠外径与压模尺寸相匹配。

（4）去除线芯内部填充物，用砂纸把线芯表面氧化膜去除。

（5）套入连接管，核对连接前绝缘之间的尺寸，确保导体插入连接管深度满足要求。

（6）在压接过程中，电力电缆与连接管保持在同一水平位置上。

（7）压接后打磨连接管表面的毛刺，连接管表面应光滑。

## 十二、预制橡胶件安装工具

### （一）功能及原理

采用预扩张方法安装预制橡胶件时，先将专用工具的导入锥套在扩张管上，再将扩张管及导入锥顶部塞入橡胶件内，然后将扩张完成的橡胶件及扩张管一起套入电力电缆长端，之后进行导体压接工作，最后用专用工具将橡胶件内的扩张管拔出，同时橡胶件在最终位置就位。其外形见图 5-13。

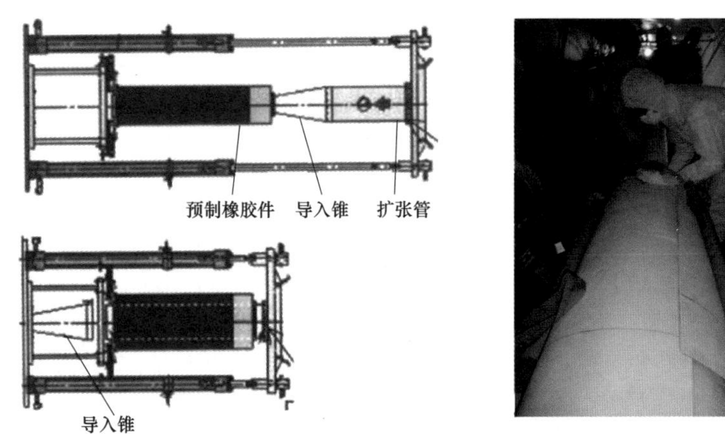


图 5－13　预扩张方法安装整体预制橡胶件

## （二）技术参数

预制橡胶件安装工具技术参数见表 5－12。

表 5－12　　预制橡胶件安装工具技术参数

| 参数 \ 电压等级（kV） | 110 | 220 | 500 |
|---|---|---|---|
| 扩张直径（mm） | 80 | 120 | 180 |
| 液压杆行程（mm） | 800 | 900 | 1400 |
| 质量（kg） | 40 | 60 | 100 |

## （三）选用原则

根据电压等级不同，依据厂家安装要求选用专用预制橡胶件安装工具。

## （四）注意事项

（1）预制橡胶件扩张过程中，严格检查其外表面有无裂痕现象。

（2）预制橡胶件扩张完成后，及时进行安装。

（3）保证环境和表面清洁。

（4）扩张工具需空运行几次，保证设备运行良好。

（5）橡胶件转移过程中注意保护，不能有磕碰。

（6）扩张管压入橡胶件之前，确保与橡胶件同心。

（7）注意扩张时，液压泵的压力变化。

（8）扩张开始后，扩张过程不可停止。

## 十三、内窥镜

### （一）功能性能

应力锥是高压电缆附件的核心部件，在进行电缆附件安装过程中，应力锥的质量是检查的重点。常用的目测法检查其质量，不容易发现缺陷。应力锥内表面内窥镜技术，采用微型数码摄像头伸入应力锥内部，实时将应力锥内表面的图像传送出来，再通过电脑对图像进行分析和测量。采用可旋转的夹座固定应力锥，探头安装在可垂直升降的机构上。夹座圆周旋转配合探头的垂直运动，达到检查整个应力锥内表面的目的。

### （二）技术特点

应力锥内表面内窥镜主要包括夹座微调机构、夹座及旋转机构、调速机构、升降机构、电源及控制系统。夹座微调机构调整探头与所视表面的距离，找到最合适的焦距位置，显示最清晰的画面。夹座用于固定应力锥；旋转机构主要由调速电机带动，通过减速箱，实现夹座的无极调速，使应力锥做圆周运动。调速机构调节探头上下运动的速度。升降机构驱动探头上下运动，实现上下限位和上下尺寸的定量显示和读数。

### （三）技术参数

内窥镜技术参数见表 5－13。

表 5－13　　内窥镜技术参数

| 参数 \ 设备名称 | 内窥镜 |
|---|---|
| 适用范围 | 110～500kV 电压等级绝缘橡胶件及应力锥 |
| 探头行程长度（mm） | 650 |
| 内窥最小孔直径（mm） | 30 |
| 探头运行速度（mm/min） | 0～70 |
| 最大功率（W） | 400 |

续表

| 参数 \ 设备名称 | 内　窥　镜 |
| --- | --- |
| 外形尺寸（mm × mm × mm，长 × 宽 × 高） | 1100 × 500 × 2000 |

### （四）技术经济分析

内窥镜作为应力锥质量检测设备，可对应力锥内表面疑似质量缺陷，进行直观有效检查验证，避免工程返工导致的经济损失。

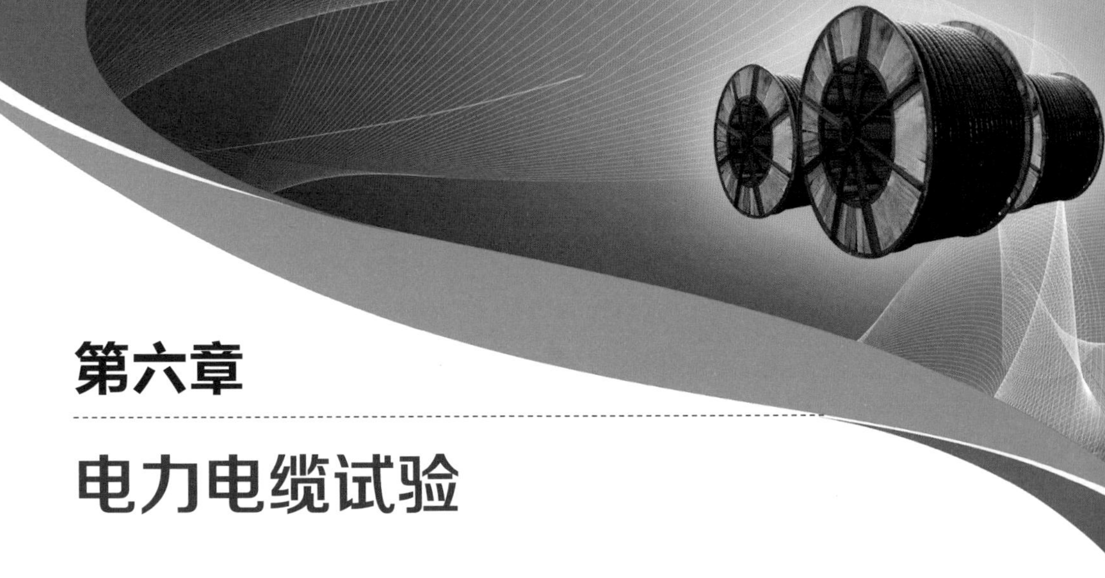

# 第六章

# 电力电缆试验

## 工艺过程描述

电力电缆施工完成后，按照试验规程进行交接试验，主要包括电力电缆主绝缘耐压试验、同步分布式局部放电检测、电力电缆线路参数测定、电力电缆外护套试验。电力电缆耐压试验是指应用变频谐振方法，通过试验设备与电力电缆终端连接，对电缆施加电压的过程。同步分布式局部放电检测采用高频电流互感器法，从电力电缆接地线上采集局部放电信号并进行分析判断。电力电缆参数测试是指运用电流电压法，通过试验设备与电力电缆终端连接以测量电缆阻抗参数。电力电缆外护套试验是采用高压直流发生器对外护套施加直流电压的过程。

## 主要施工装备应用

本工序主要采用变频谐振耐压设备、同步分布式局部放电检测设备、电缆线路参数测试仪、高压直流发生器和便携式电源。

### 一、变频谐振耐压设备

#### （一）功能及原理

使用变频谐振系统与被试电缆组成谐振回路，对电缆施加试验电压，达到考核电缆主绝缘水平的目的。

变频谐振系统首先通过变频装置获得谐振电源，再通过励磁变压器将变频装置输出电压提高，最终通过电抗器与电缆电容谐振，把电压提高到试验电压水平。其示意及实物见图 6－1 和图 6－2。

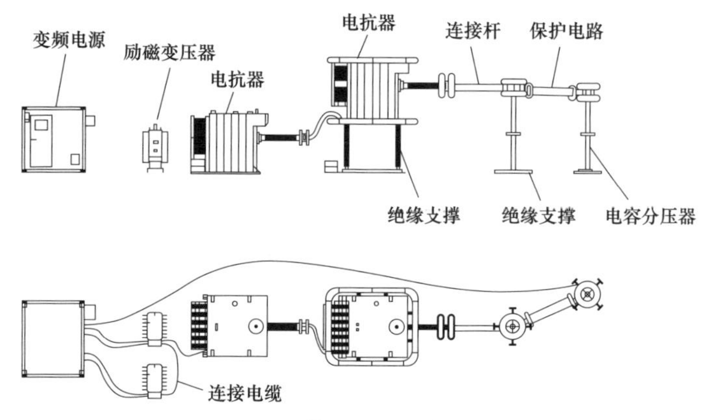


图 6－1 谐振耐压系统示意图

图 6－2 谐振耐压系统实物图

## （二）技术参数

谐振耐压系统技术参数见表 6－1。

表 6－1 谐振耐压系统技术参数

| 参数 \ 型号 | WRV 83/260T | SYEC VFSR | SN5280－1300/130 |
|---|---|---|---|
| 额定容量（kW） | 200 | 200 | 200 |
| 额定输出电压（kV） | 260 | 130/260 | 130/260 |

续表

| 参数＼型号 | WRV 83/260T | SYEC VFSR | SN5280－1300/130 |
|---|---|---|---|
| 额定输出电流（A） | 83 | 36 | 86 |
| 频率范围（Hz） | 20～300 | 20～300 | 20～300 |
| 品质因数 $Q$ | 120 | 80 | 100 |

### （三）选用原则

（1）当单台设备不能满足电压要求时，使用两台设备串联。

（2）当单台设备不能满足电流要求时，使用两台设备并联。

### （四）注意事项

（1）电源电压和频率要求稳定。

（2）试验电压直接在被试品上测量。

（3）设备高压套管、分压电容、绝缘支撑和高压引线对周围距离应满足绝缘要求。

（4）对于串联谐振法，当被试品击穿时，回路中的电流减小，电压降低，所以除了正常的过流保护外，还应有欠压保护措施。

（5）对于并联谐振法，当被试品击穿而谐振停止时，试验变压器有过电流的可能，因此，要求过电流速断保护能可靠动作。

（6）使用无晕导线作为高压引线。

## 二、同步分布式局部放电检测设备

### （一）功能及原理

同步分布式局部放电检测设备是用于同时测量每个电缆接头局部放电的检测设备。应用高频电流互感器法，测量电缆局部放电，判定电缆绝缘状况。

该方法使用高频电流互感器采集电缆接地线中的局部放电电流信号，并传输到局部放电采集单元，通过光纤将所有电缆接头信号汇总到主机，对试验数据进行记录、分析。同步分布式局部放电测量系统示意见图 6－3。

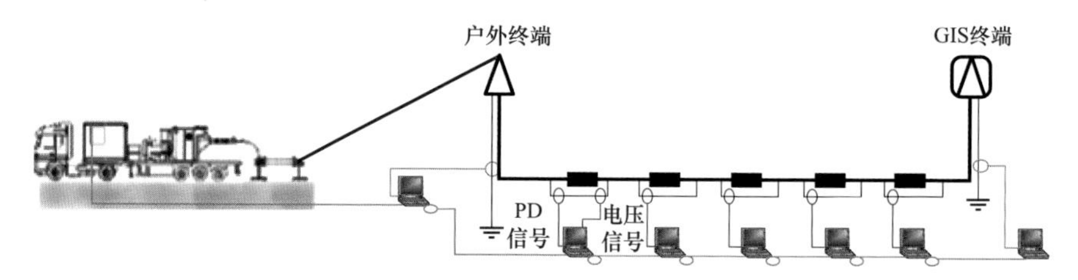


图 6-3　同步分布式局部放电测量系统示意图

## （二）技术参数

同步分布式局部放电测量系统技术参数见表 6-2。

表 6-2　　同步分布式局部放电测量系统技术参数

| 参数＼型号 | CPDM-100AC | MPD600 | PD404 |
| --- | --- | --- | --- |
| 局部放电输入频带（MHz） | 0～30 | 0～20 | 0.1～30 |
| 局部放电输入阻抗（Ω） | 50 | 50 | 50 |
| 局部放电输入电压（Vrms） | 10 | 10 | 10 |
| 局部放电可检测范围（pC） | >1 | >1 | >1 |
| 输入接头 | BNC | BNC | BNC |
| 供电方式 | 电池 | 电池 | 电池 |
| 传输方式 | 光纤 | 光纤 | 光纤 |

## （三）选用原则

当现场干扰过大，测试设备无法满足测试要求时，选用高频滤波设备。

## （四）注意事项

（1）被测电缆终端头、电缆耐压试验设备等表面应保持干燥清洁。

（2）耐压设备应按规定要求连接线路，试验区各种金属物体应可靠接地，检查并改善试验区内一切可能放电的部位。

（3）试验连接线应避免将尖端暴露在外，防止尖端电晕放电。

（4）试验设备各种地线接地良好。

（5）光纤接头应保持清洁，光纤敷设过程中，注意不要拉拽、不要弯折。

（6）同轴电缆连接牢固、可靠。

## 三、电缆线路参数测试仪

### （一）功能及原理

电缆线路参数测试仪是一种用于测量电缆参数的试验设备。应用电流电压法的测试原理，测量正序阻抗和零序阻抗参数值，作为计算系统短路电流、继电保护整定、计算潮流分布的实际依据。

正序阻抗测量方法是将线路末端三相短路，在线路始端加三相工频电源，分别测量各相的电流、三相的线电压和三相总功率，并通过计算得出每千米正序阻抗值。

零序阻抗测量方法是测量时将线路末端三相短路接地，始端三相短路接单相交流电源。根据测得的电流、电压和功率，计算出每千米零序阻抗值。电缆线路参数测试示意见图6-4。

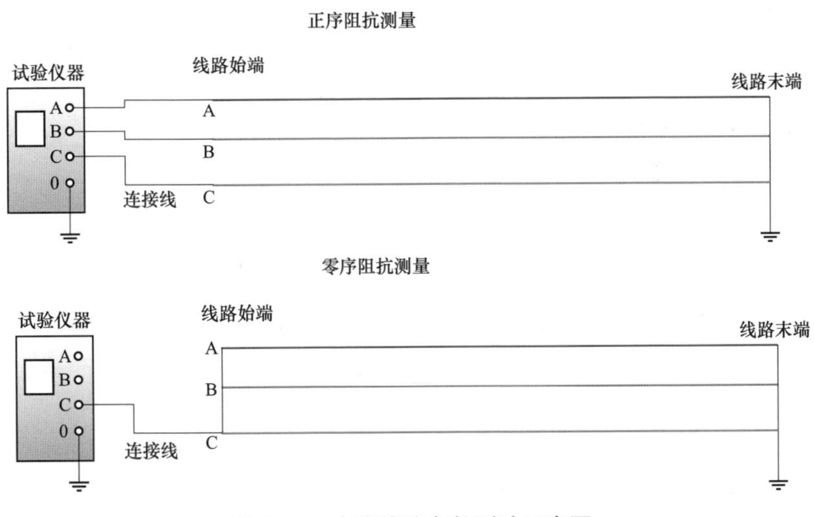


图6-4　电缆线路参数测试示意图

### （二）技术参数

电缆线路参数测试仪技术参数见表6-3。

表 6－3　电缆线路参数测试仪技术参数

| 参数＼型号 | YTLP－A | HD－50A | JTXC |
|---|---|---|---|
| 电源功率（kVA） | 4 | 2.5 | 2.4 |
| 测试电流（A） | 6.5 | 50 | 8 |
| 试验电压（V） | 400 | 500 | 300 |
| 输出频率（Hz） | 47.5/52.5 | 50 | 45/55 |
| 抗干扰水平（A） | 100 | 50 | 80 |

### （三）选用原则

（1）对于较长电缆线路，当工频设备不能满足测量要求时，应选用变频试验设备，以减小测量误差。

（2）对于感应电较大的电缆线路，当一般设备不满足测试要求时，应选用具备抗干扰能力的试验设备。

### （四）注意事项

（1）试验电源的选取：通常在线路参数的测量中采用大容量的三相调压器（30kV 以上）或 400V/10kV 的配电变压器作试验电源。试验电源与系统隔离，防止电源干扰。

（2）对长距离电缆线路，在测量电抗时，应在末端加接电流表，取始末端电流的平均值；测量电容时，应在末端加接电压表，取始末端电压的平均值。这样，测得的结果基本上可以满足工程上对准确度的要求。

（3）试验接线工作必须在被试电缆线路接地的情况下进行，防止感应电压触电。所有短路、接地和引线都应有足够的截面，且必须连接牢固。测试组织工作要严密，通信顺畅，以保证测试工作安全顺利地进行。

## 四、高压直流发生器

### （一）功能及原理

进行外护套直流耐压试验时，在每段电缆金属屏蔽或金属护套绝缘与地之间，施加 10kV 直流电压，1min 不击穿，试验合格。采用高压直流发生设备进行外护套试验，如果外护套存在故障，用高压直流发生设备在故障电缆外护套上施加一个较大的电流，通过观察放电点，进行故障查找。其外形见图 6–5。

图 6–5　高压直流发生器

## （二）技术参数

高压直流发生器技术参数见表 6–4。

表 6–4　高压直流发生器技术参数表

| 参数 \ 设备名称 | 高压直流发生器 |
| --- | --- |
| 电源电压（V AC） | 220±10% |
| 电压系数（kV） | 0～15 |
| 电流系数（mA） | 0～100 |
| 净重（kg） | 25 |
| 外形尺寸（mm×mm×mm，长×宽×高） | 500×300×450 |

## （三）选用原则

（1）根据外护套试验标准，确保试验设备的升压电压水平及持续时间满足要求。

（2）高阻故障需大电流进行查找，试验设备最大输出电流不小于 80mA。

### （四）注意事项

（1）试验前检查仪表是否正常显示。

（2）试验输出高压输出端严禁站人，试验过程设专人看守。

（3）试验设备长久未使用应空载试验。

（4）工作完毕用放电棒接地放电。

## 五、便携式电源

### （一）功能性能

在电力电缆外护套试验及缺陷处理中广泛应用，有效解决小型设备使用电源接取困难问题。

### （二）技术特点

（1）具有设备状态监测功能，能够实时监测设备工作状态，保证系统稳定运行。

（2）通过多输出接口和接地端的设计，使安全性能符合有限空间作业规范。

（3）该设备具有防尘、防振、防爆的功能设计，满足电缆隧道内作业的特殊要求。

（4）该设备带有照明设备，满足无照明工作环境。

### （三）技术参数

便携式电源技术参数见表6－5。

表6－5　　便携式电源技术参数

| 参数 \ 设备名称 | 便携式电源 |
|---|---|
| 直流电压表（V） | 30 |
| 交流电压表（V） | 450 |
| 交流电流表（A） | 5 |
| 逆变器 | 12V，1200W |
| 电池 | 12V，36Ah |

续表

| 参数 \ 设备名称 | 便携式电源 |
| --- | --- |
| 低压开关 | DZ－47－40 |
| 高压开关 | DZ－47－16 |
| 外形尺寸（mm×mm×mm，长×宽×高） | 350×250×350 |

### （四）技术经济分析

便携式电源设备，满足小型化、轻型化要求，性能稳定，可为功耗小、作业持续时间短、作业地点分散的设备供电。

# 第七章

# 电力电缆辅助施工

## 一、柴油发电机

### （一）功能及原理

电力电缆施工过程中，通常采用柴油发电机作为临时电源满足施工用电需求。柴油发电机由柴油机和发电机构成，柴油机驱动发电机运转将柴油的能量转化为电能。其外形见图 7－1。

图 7－1　柴油发电机

### （二）技术参数

柴油发电机技术参数见表 7－1。

表 7-1 柴油发电机技术参数

| 参数＼型号 | HQ3GF | HQ8GF | HQ15GF | HQ150GF |
|---|---|---|---|---|
| 额定功率（kW） | 3 | 8 | 15 | 150 |
| 额定电压（V） | 220 | 220 | 220 | 400/230 |
| 额定电流（A） | 5.4 | 14.4 | 27 | 270 |
| 频率（Hz） | 50 | 50 | 50 | 50 |
| 净重（kg） | 300 | 330 | 460 | 1900 |
| 外形尺寸（mm×mm×mm，长×宽×高） | 1000×480×800 | 1150×650×900 | 1300×750×950 | 2250×890×1700 |

### （三）选用原则

（1）总负荷不得超过发电机额定功率的 90%。

（2）工程中进行有限空间通风时，可选用 HQ3GF 型号的发动机。

（3）工程中进行有限空间的照明工作时，可选用 HQ8GF 型号的发动机。

（4）工程中进行电缆附件安装工作时，可选用 HQ15GF 型号的发动机。

### （四）注意事项

（1）在操作或移动时应保持发电机直立，发电机倾斜会造成油箱中柴油泄漏。

（2）发电机在使用前必须连接好临时接地引线。

（3）柴油发动机在进行加油工作时，应停机进行。

## 二、轴流风机

### （一）功能及原理

轴流风机主要由叶轮、机壳、电动机等零部件组成，当叶轮旋转时，气体从进风口轴向进入叶轮，受到叶轮上叶片的推挤而使气体的能量升高，然后流入导叶。导叶将偏转气流变为轴向流动，同时将气体导入扩压管，进一步将气体动能转换为压力能，最后引入工作管路。用于电缆隧道内有限空间的局部通风。其外形见图 7-2。

图 7-2　轴流风机

### （二）技术参数

轴流风机技术参数见表 7-2。

表 7-2　　轴流风机技术参数

| 参数＼型号 | SF2-2 | SF2-4 | SF4-2 | SF4-4 |
|---|---|---|---|---|
| 转速（r/min） | 2800 | 1450 | 2800 | 1450 |
| 电机功率（W） | 120 | 90 | 1500 | 550 |
| 风量（$m^3/h$） | 1300 | 600 | 11 000 | 5870 |
| 全压（Pa） | 140 | 20 | 270 | 149 |

### （三）选用原则

（1）根据隧道内空间测算所需风量，确定所需风机的规格与数量满足有限空间通风要求。

（2）对于有限空间内作业环境，应选用防爆型轴流风机。

### （四）注意事项

（1）必须严格执行工艺操作规程和有关安全制度。

（2）设备应该有完好的接地线。

（3）设备上的所有安全防护装置，不能随意拆除。

（4）启动设备前要先盘车和点试。

（5）设备运行中，不准擦拭转动部位。

（6）不准使用不合格或变质润滑油。

## 三、电焊机

### （一）功能及原理

电缆接地系统施工中，使用电焊机进行接地焊接工作。电焊机是利用正负两极在瞬间短路时产生的高温电弧来熔化电焊条上的焊料和被焊材料，来达到使它们结合的目的。其外形见图7－3。

图7－3　电焊机

### （二）技术参数

电焊机技术参数见表7－3。

表7－3　　电焊机技术参数

| 参数＼型号 | BX1－200－2 | BX1－250－2 | BX1－400－2 | BX1－500－2 |
|---|---|---|---|---|
| 额定输入电压（V） | 220/1～380 | 1～380 | | |
| 输入容量（kVA） | 12.6 | 17 | 30 | 38 |
| 额定空载电压（V） | 60 | 63 | 72 | 72 |
| 额定输出电流（A） | 200 | 250 | 400 | 500 |
| 负载持续率（%） | 20 | 35 | 35 | 35 |

续表

| 参数＼型号 | BX1－200－2 | BX1－250－2 | BX1－400－2 | BX1－500－2 |
| --- | --- | --- | --- | --- |
| 冷却方式 | 风冷 | | | |
| 净重（kg） | 50 | 67 | 78 | 96 |
| 外形尺寸（mm×mm×mm，长×宽×高） | 600×365×635 | 645×405×635 | 700×454×745 | 740×494×805 |

### （三）选用原则

（1）电焊机以其灵活、方便、轻便的特点被广泛地应用于施工现场。

（2）完美的恒电流特性焊接电源，实现非常稳定的焊接电弧。内藏电弧推力功能防止焊条黏着工件，焊接作业顺畅。额定负载率高，中厚板焊接时发挥威力。

### （四）注意事项

（1）根据焊接材质的种类，熔接焊条类型，调整相应电流大小。

（2）焊接现场10m范围内，不得堆放易燃易爆物品。配备专职监护人。

（3）焊接操作人员持证上岗，配合人员必须按规定穿戴劳动防护用品。并必须采取防止触电、火灾等事故的安全措施，配备足够的灭火器。

（4）高空焊接时，必须挂好安全带，焊件周围和下方应采取防火措施并专人监护。

（5）严禁操作人员在运行中的压力管道、装有易燃易爆物的容器和受力构件上进行焊接。

## 四、起重三脚架

### （一）功能及原理

起重三脚架用于隧道内电缆施工设备的起重及运输，安装时不需要其他辅助工具，支腿可调节，使用穿钉螺栓固定，最大高度为2m。起重三脚架安装好后，配合手拉葫芦或电动葫芦完成施工装备的运输工作。其外形见图7－4。

图 7－4　起重三脚架

## （二）技术参数

起重三脚架技术参数见表 7－4。

表 7－4　　起重三脚架技术参数

| 参数 \ 型号 | 多功能三脚架（JSJ－S） | 多功能三脚架 1 | 多功能三脚架 2 |
|---|---|---|---|
| 最大荷载（kg） | ≤200 | ≤180 | ≤200 |
| 收拢长度（m） | 1.8 | 2.2 | 1.4 |
| 撑开长度（m） | 2.4 | 3.2 | 2.2 |
| 钢丝绳长度（m） | 30 | 20～35 | 30 |
| 净重（kg） | 16.5 | 16.5 | 30 |

## （三）选用原则

（1）所吊重物应满足三脚架的强度刚度要求，不得超过电动卷扬机最大载重量。

（2）三脚架体积小，重量轻，应用灵活，携带方便。

## （四）注意事项

（1）使用前检查三脚架各部分齐全完好，仔细观察吊环、连接处等是否连接牢固。

（2）吊装重物时，应加固保护两侧电缆，防止磕碰。重物挂接完毕，立即离开井下位置。

（3）使用时不得超过其规格标准。

（4）每年进行定期维护、检查，并应由专业人士负责，非专业人士不得拆解。

## 五、隧道通信设备

### （一）功能及原理

1. 载波电话通信方式

在隧道内采用载波电话通信方式，是指使用载波电话将语音信号转换为电信号在同一回路电源中进行传递，同一回路电源内可使用多个载波电话进行通信，信号衰减较小，便于安装。其示意见图 7－5。

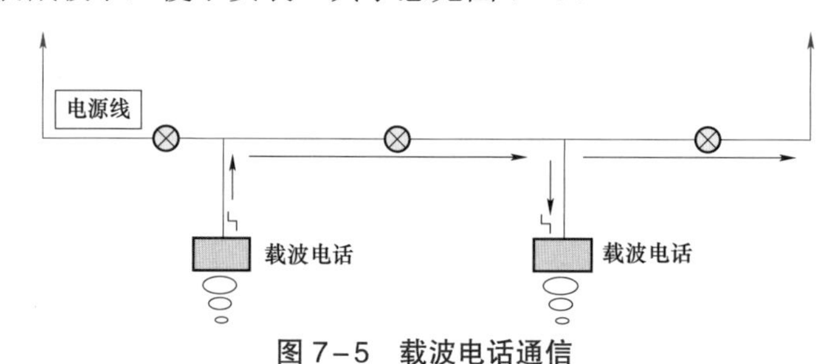


图 7－5　载波电话通信

2. 泄漏电缆通信方式

泄漏电缆通信，由中继台发射信号，通过沿隧道敷设的泄漏电缆传输信号，使用对讲机与泄漏电缆连接从而实现通信。如果通信距离过长，可以加装信号放大器。其示意见图 7－6。

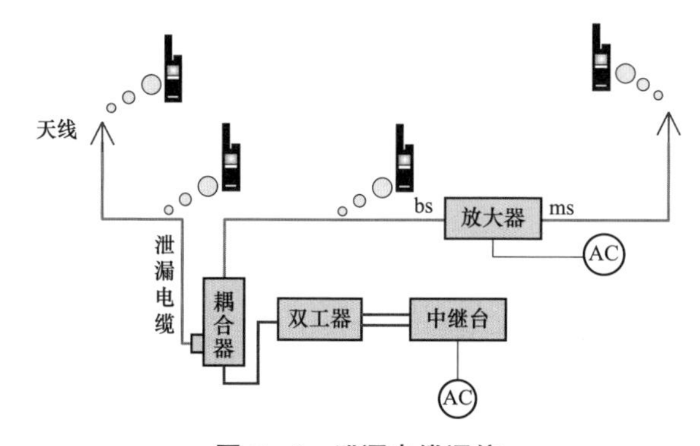


图 7－6　泄漏电缆通信

### （二）技术参数

载波电话技术参数见表 7－5。

表 7－5　　载波电话技术参数

| 参数 \ 设备名称 | 载波电话 |
|---|---|
| 输入电压（V） | 220 |
| 传输方向 | 双向 |
| 频道数量 | 3 通道 |
| 最大传输距离（m） | 980 |

泄漏电缆技术参数见表 7－6。

表 7－6　　泄漏电缆技术参数

| 参数 \ 设备名称 | 泄漏电缆 |
|---|---|
| 信道容量 | 16 |
| 典型射频输出（W） | 25～40 |
| 频率（MHz） | 403～470 |
| 信道间隔（kHz） | 12.5/25 |
| 插损（dB） | ≤1.25 |
| 系统耗损（dB/km） | 85 |

### （三）选用原则

（1）当隧道井口间距较大时，使用泄漏电缆通信方式。

（2）使用载波电话通信方式，满足通信设备在同一电源下，使用时不可超过通信设备的极限距离。在危险多发区或重要设备旁装设。

### （四）注意事项

（1）载波电话通信，连接电话设备时，注意防止触电。

（2）变频器内部的电子元件对静电特别敏感，因此不可将异物置入其内部或触摸电路板。

（3）泄漏电缆通信，信号线不能与泄漏电缆并行靠近安置，相互之间距离应大于 30cm。

（4）连接主机和泄漏电缆之间所用的非泄漏电缆需要进行穿管保护。

## 六、电缆暖风机

### （一）功能及原理

电缆暖风机用于冬季电缆加热，当环境平均气温低于 0℃时，需对电缆进行加热后再进行敷设。暖风机主要由空气加热器和风机组成，空气加热器散热，产生热能，然后由风机送出，调节周围环境温度。其外形见图 7－7。

图 7－7　电缆暖风机

### （二）技术参数

电缆暖风机技术参数见表 7－7。

表 7－7　电缆暖风机技术参数

| 参数＼型号 | HWG－SP3A1－006－11 | HWG－SP3A1－018－12 | HWG－SP5A3－006－21 |
|---|---|---|---|
| 电热功率（kW） | 3 | 3 | 5 |
| 进风温度（℃） | 常温 | | |
| 出风温度（℃） | 常温～450 | 常温～350 | 常温～450 |

续表

| 参数 \ 型号 | | HWG－SP3A1－006－11 | HWG－SP3A1－018－12 | HWG－SP5A3－006－21 |
|---|---|---|---|---|
| 风机 | 功率（W） | 60 | 180 | 60 |
| | 最大风量（$m^3/h$） | 3.5 | 6.7 | 3.5 |
| | 最高风压（Pa） | 412 | 450 | 412 |

### （三）选用原则

（1）根据现场气温及温度衰减、保温情况等，选用合适的暖风机，也可选用可调节式电缆暖风机。

（2）15～20$m^2$选用3kV电缆暖风机，30～40$m^2$选用5kV电缆暖风机。

### （四）注意事项

（1）检查电缆暖风机是否有防止过热、过电流保护装置，是否具备倾倒断电功能。

（2）电缆暖风机应安装在干燥不潮湿的地方，不可放置在易燃物品附近。

（3）电缆暖风机使用过程中不要紧贴墙壁，应保持一段距离，避免火灾发生。

（4）电缆加热时，需选用适合平方米电压等级的电缆暖风机。

## 七、工业空气净化器

### （一）功能及原理

工业空气净化器一般用于电缆附件安装过程，将附件安装区域与周围相邻环境良好的隔离，使用空气净化器确保安装区域空气质量、清洁度、温湿度等符合安装要求。

工业空气净化器主要由马达、风扇、空气过滤网等系统组成，其工作原理为：机器内的马达和风扇使室内空气循环流动，污染的空气通过机内的空气过滤网后将各种污染物清除或吸附，将空气不断电离，产生大量负离子，被微风扇送出，形成负离子气流，达到清洁、净化空气的目的。其外形见图 7－8。

图 7－8　工业空气净化器

## （二）技术参数

工业空气净化器技术参数见表 7－8。

表 7－8　　工业空气净化器技术参数

| 参数＼型号 | 空气净化器 | KJ420F－S6 | 空气净化器 pro |
|---|---|---|---|
| 净化能力（$m^3/h$） | 710 | 420 | 500 |
| 使用面积（$m^2$） | 85 | 50 | 60 |
| 额定功率（kW） | 75 | 47 | 66 |
| 净重（kg） | 8.8 | 12.9 | 8 |
| 外形尺寸（mm×mm×mm，长×宽×高） | 350×365×530 | 710×460×310 | 260×260×735 |

## （三）选用原则

根据工作区域的面积大小和周围环境污染程度选用合适型号的空气净化器，满足对工作区域的空气清洁程度。必要时综合考虑空气净化器的使用功率，占地面积等因素。

（1）当工作区域面积 $50m^2$ 时选用 KJ420F－S6，当工作区域面积 $60m^2$ 时选用 pro，当工作区域面积 $85m^2$ 时选用表 7－8 中第 1 种空气净化器。

（2）电缆中间接头制作时在 120m$^2$ 左右范围应选用两台空气净化器。

（3）CADR 值为 500m/h 使用面积 60m$^2$，420m/h 使用面积 50m$^2$，710m/h 使用面积 85m$^2$。

## （四）注意事项

（1）长期使用工业空气净化器时，应按要求及时更换过滤材料。

（2）工业空气净化器使用环境温度应在 10～40℃。

（3）工业空气净化器应安装在干燥不潮湿的地方，不可放置在易燃物品附近。

（4）务必定期保养，否则会影响设备净化效果。

（5）非维护人员严禁开机维护，以免发生触电危险。